U0239421

A Student's Guide to Dimensional Analysis

大学生理工专题导读
——量纲分析

〔美〕多恩·S. 莱蒙斯（Don S. Lemons） 著

王 瑞 刘艳娜 李亚玲 译

机械工业出版社

量纲分析是学习物理课程的一种方法,是解决科学和工程问题的工具,有助于科学规律的探究. 本书在说明了量纲分析重要性的基础上,介绍了量纲分析的方法,并以量纲分析技术为切入点,运用贴近实践又简单的例子研究了量纲分析在力学、流体力学、热物理学、电动力学和量子物理学中的应用,并指出了它的适用范围和局限性.

本书适合物理、工程和数学专业的学生阅读,也可供相关专业的研究者和工程师参考.

作者简介

　　多恩·S. 莱蒙斯（Don S. Lemons）是美国堪萨斯州北牛顿市伯特利学院物理学名誉教授，曾担任《美国物理》杂志的助理编辑. 他是美国物理学会的会员，他的研究主要集中在等离子体物理学方面.

译者序

量纲分析是自然科学中一种重要的研究方法，它根据一切量所必须具有的形式来分析和判断事物间数量关系所遵循的一般规律．通过量纲分析可以加深对物理情境和过程的理解．同时，它在解决相关科学和工程领域问题方面也有着广泛的应用．

本书用量纲分析的数学方法和量纲分析技术对力学、流体力学、热物理、电动力学和量子物理中的简单实例进行分析，说明了量纲分析的适用范围和局限性．

与其他阐述量纲分析的书籍相比，本书具有如下特点：

(1) 内容完备，自成体系．本书在叙述过程中兼顾到读者的实际认知和背景知识的掌握，解释了读者不太熟悉的一些概念，列举了大量的实例．在各章的后面附加了习题，并在附录中提供了答案．

(2) 层次清晰，结构合理．本书先介绍了量纲分析的历史、方法和形式化问题，让读者意识到量纲分析的重要性，然后按照物理知识的脉络，通过大量的实例，由浅入深地介绍量纲分析技术的应用．这种安排既有层次感，又便于读者理清思路．

(3) 视角独特，颇具特色．本书从量纲分析的适用范围和局限性的角度对相关问题进行阐述，可以进一步加深读者对量纲分析和相关物理过程的理解．

本书内容丰富，翻译过程中译者尽量保持原书的写作风格，但错误纰漏之处在所难免，恳请读者批评指正．

译者

前　言 ━━━━━

　　当我还是年轻学生的时候，就被已故的物理教授哈罗德·道（Harold Daw）用量纲分析解决问题的做法所吸引．问题的结果就像变魔术一样出现了，不需要构造模型、求解微分方程或应用边界条件．但当时我并没有产生灵感，直到多年后才有了结果．与此同时，我对这一重要工具的认识仍然是片面的、肤浅的．量纲分析能提供的远比我们想象的多．

　　量纲分析让人着迷的同时也会令人失望．但毋庸置疑，深入了解其方法对许多领域的研究人员都是有帮助的．量纲分析作为多个高水平研究生层次的课程专题就证明了这一事实．即便如此，量纲分析在入门阶段还是经常被忽略，除非老师告诫他们的学生要"检查结果的单位"，并警告不要将"苹果和橘子加在一起"．

　　老师和学生所面临的问题是，量纲分析在物理课程的设置中没有固定的位置．量纲分析对数学的要求相当初级（具备高中知识即可），它的基本原则在本质上是"苹果和橘子不能相加"规则的精进版．当然，量纲分析的成功应用也少不了物理直觉，这种直觉在建模和操作物理变量的经验下提升得很慢．但我们需要多少这种直觉呢？

　　相信本书介绍的量纲分析的简单技术可以在入门阶段加深我们的理解，并加强对物理情境和过程的探索．因此，本书是专门为选修入门级或完成入门级，且偏数学的大学物理课程的学生而设计的，高年级学生和专业人士也可从中受益．

　　量纲分析的一个基本应用是单摆，即体积很小的重物在一根绳子的末端摆动．单摆需要多长时间完成一个运动周期？这一时间间隔 Δt 似乎取决于重物的质量 m、重力加速度 g、摆长 l 和最大摆角 θ．"单摆"中的"单"意味着绳子的质量相较于摆长 l 而言可以忽略不计．因此，我们要寻找 Δt 与 m、l、g 和 θ 之间的函数关系．注意到周期

Δt 的 SI（国际单位制）单位是 s，质量 m 的 SI 单位是千克，长度 l 的 SI 单位是 m，重力加速度 g 的 SI 单位是 m/s^2，而角度 θ 是无量纲的. 我们发现 l 和 g 的组合 $\sqrt{l/g}$ 产生了一个以 s 为 SI 单位的量. 因此，它一定是

$$\Delta t = \sqrt{\frac{l}{g}} \cdot f(\theta)$$

其中，$f(\theta)$ 是一个关于 θ 的、待定的无量纲量的函数.

这就是量纲分析的典型结果. 量纲分析告诉我们，单摆的周期 Δt 与长度的平方根 $\sqrt{l}$ 成正比，完全不取决于其质量 m. 这些结果可以通过实验证实，但量纲分析却建议我们应该花一定的时间去研究待定的函数 $f(\theta)$. 当然，这个例子也误导了我们，毕竟量纲分析的许多应用并不简单，我们通常也不会事先知道结果，就像我们在这种情况下可能知道的那样.

当我们只知道某些事情，而不是所有事情的状态或过程时，量纲分析是最能给人启迪的. 量纲分析建立在我们已知的基础之上，例如，我们可能熟悉描述某个过程的方程，但又不具备以通常方式去解决它们的技能或时间. 或者，在完全确定解决方案的形式之前，我们可能希望扩大对该解决方案的初步了解. 又或者，我们可能只知道问题的类别（即力学、热力学或电动力学）和想要确定的变量（即振荡周期、压力下降或能量损失率）. 在所有这些情况下，量纲分析缩小了相关物理量是如何共同作用以产生所寻求的结果的范围.

量纲分析技术可以用一个短小精悍的例子来呈现. 出于某种原因，有人可能期望将这些技术应用到新出现的问题上，但这一想法很难实现. 为了使量纲分析更富有成效，首先必须学习使用量纲分析. 探索进行这种方法的动机、历史沿革和形式化问题是学习过程中必不可少的步骤，当然也少不了学习简单的应用. 这就是第 1 章"导论"的目的.

第 2~6 章讨论了更为复杂但仍然是很简单的量纲分析的实例，分为几个学科领域：力学、流体力学、热物理、电动力学和量子物理. 这些例子说明了量纲分析的可能性和局限性. 在适当的情况下，

会为广大读者解释一些不太熟悉的概念，如表面张力、黏度和扩散系数等.

在最后的第 7 章"量纲宇宙学"中，介绍了量纲分析在揭示我们世界的量纲结构方面取得的一些进展. 这些结果虽然有些初级和片面，但它已经接近分隔已知和未知的边界了.

量纲分析在物理课程的设置中没有固定的位置，这是因为它很容易适应任何位置. 我们可以用它的基本方式来回忆公式的形式，或者重申我们对已解决问题的理解，或者用它将我们的研究推进到不为任何人所知的领域.

有时量纲分析也会让我们失望，但在此之前，它一定宣布了失败并提出了更好的方法. 这种方法没有效果吗？有可能是我们忽略了一个重要的物理量. 结果不明确？有可能是其中包含了太多的物理量.

本书旨在引导读者理解进行量纲分析的动机、方法和实例，以及它的使用范围和局限性. 同时，也希望本书能为读者重现这门课在几年前第一次吸引我注意力时的魅力和魔力.

多恩·S. 莱蒙斯

致　谢 ━━━━━

　　写作本书的最大收获就是从一群热心的朋友那里得到了对初稿的回复. 我感到非常幸运. 拉尔夫·贝尔林（Ralph Baerlein）和盖伦·吉斯勒（Galen Gisler）通读了全书, 提出了许多改进意见, 使我避免了许多错误. 伊克拉姆·艾哈迈德（Ikram Ahmed）、克里斯托弗·厄尔斯（Christopher Earles）、里克·沙纳汉（Rick Shanahan）和大卫·沃特金斯（David Watkins）阅读了部分章节, 也提出了宝贵的建议. 杰夫·马丁（Jeff Martin）提出了"烹饪火鸡"的问题. 在此, 对他们表示衷心的感谢.

　　由威奇塔州立大学的苏珊·G. 斯特雷特（Susan G. Sterrett）于 2014~2015 学年组织的一系列相似性方法研讨会, 重新激发了我对量纲分析的兴趣. 也非常感谢剑桥大学出版社为我提供的优质服务.

符号说明

= 相等

≈ 近似相等

~ 大小的数量级是

≠ 不等于

≡ 定义为

> 大于（≫远大于）

< 小于（≪远小于）

≥ 大于或等于（不小于）

≤ 小于或等于（不大于）

± 加或减

∝ 正比于

目 录

1

第 1 章
导　论

1.1　量纲一致性

　　大多数物理量都有量纲．质量、距离和时间的量纲分别是质量的大小、距离的长短和时间的快慢．量纲往往被认为是理所当然的，它们不知不觉地降低了我们的注意力，但量纲的确是我们思考世界的重要基础．

　　想象一下，动物在成长过程中基本保持大致相同的体型．伽利略（Galileo，1584—1642）认为，动物的体重随着体积的增加而增加，并正比于特征长度 l 的三次方 l^3，例如大象前腿的长度，因为动物肢体的推拉运动作用在横截面上，所以动物的力量随肢体横截面面积的增加而增加，即与 l^2 成正比．因此，动物的力量与重量之比是按照 l^2/l^3（$1/l$ 或 l^{-1}）成比例地变化的．因此，体型大的动物在支撑体重方面不如小动物．伽利略通过比较体型大致相同的狗和马的相对强度来说明这个结论．

　　一只小狗说不定可以背两三只与自己大小差不多的狗；但我相信一匹马绝对背不动和它差不多大的一匹马[1]．
如果伽利略没有思考过量纲，那么他是不可能得出这样的结论的．

　　到了艾萨克·牛顿（Isaac Newton，1643—1727）的时代，科学家们开始思考不同量纲的组合．例如，速度的量纲是长度除以时间，加速度的量纲是长度除以时间的二次方，根据牛顿第二定律，力的量纲是质量乘以长度除以时间的二次方．牛顿认为质量、长度和时间是主要的基本量纲，而它们的组合是次要的导出量纲[2].

物理系学生要学习的第一件事情是，不要对不同量纲的量或有相同量纲、但有不同度量单位的量进行加、减、换算或比较．例如，不能将质量与长度相加，或者将5m与2km直接相加．这个有时被称为"苹果加橙子"的规则意味着在每个有效的方程或不等式中，加、减、换算或比较的每一项都必须具有相同的量纲，且以相同的度量单位表示．这就是量纲一致性原理．

量纲一致性原理并不是新生事物．长期以来，科学家们一直认为，能精确地描述方程中的物理状态或过程的每一项都应当有以相同的度量单位命名的相同量纲．然而，直到1822年，约瑟夫·傅里叶（Joseph Fourier, 1768—1830）才以允许从中得出重要结果的方式表达了这一原则[3].

单位变化下的对称性

量纲一致性原理之后是对称原理．对称原理告诉我们，当有些事情发生改变时，有些东西仍然不变．其中，保持不变的是等式或不等式的形式，而改变的是所要表达的项的量纲单位．因此，如果我们将长度单位从米改成公里，但保持方程的形式不变，那么该方程就遵循了这种特殊的对称性，至少在这方面是量纲一致的．如果我们改变了它的所有单位，但方程的形式不变，那么这个等式的量纲是完全一致的．

没有一致量纲的方程也是可以用的．例如

$$s = 4.9t^2 \qquad (1.1)$$

正确地描述了自由下落的物体从静止到 t 秒的时间段内所下落的位移是 s 米．然而，式（1.1）对于其度量的单位并没有发生变化．与式（1.1）相比较，可将参数化的重力加速度用符号 g 表示，即

$$s = \frac{1}{2}gt^2 \qquad (1.2)$$

现在这个方程关于它的所有度量单位的变化都是对称的．这种表达非常精确且量纲一致．

本文关注量纲变量（如 s 和 t）和量纲常数（如 g）之间的关系，

它们关于单位的变化是对称的，因此具有量纲一致性．量纲一致性原理及其结果是量纲分析理论的基础．

1.2 无量纲积

考虑自由落体在 t 时刻的垂直位置 y．已知

$$y - y_0 = v_{y_0} t - \frac{1}{2} g t^2 \tag{1.3}$$

式中，$y - y_0$ 是物体离开初始位置 y_0 的位移；v_{y_0} 是初始速度；g 是重力加速度．当坐标系的方向给定时，y 会随着物体的下降和时间的增加而变成负值．式（1.3）遵守了量纲一致性．因为 $y - y_0$ 的量纲是长度，v_{y_0} 和 t 的量纲分别是长度/时间和时间，所以它们的乘积 $v_{y_0} t$ 的量纲是长度，而 $g t^2$ 的量纲是长度/时间^2 乘以时间^2，或是长度．而且式（1.3）和式（1.1）一样，不包含无量纲常数．

式（1.3）的量纲一致性的结果是，将其每一项都除以 $g t^2$，会得到方程

$$\frac{y - y_0}{g t^2} = \frac{v_{y_0}}{g t} - \frac{1}{2} \tag{1.4}$$

它将一个无量纲组合或"乘积" $\dfrac{y - y_0}{g t^2}$ 与另一个 $\dfrac{v_{y_0}}{g t}$ 关联在一起．从物理量之间的关系转化为无量纲积之间的关系，这种方程的量纲一致性的转变总是可以实现的．

例如，考虑玻尔兹曼（Stefan - Boltzmann）定律，根据该定律，当温度为 T 时，体积为 V 的容器中的辐射能量 E 的密度是

$$\frac{E}{V} = \frac{8\pi^2}{15} \frac{k_B^4 T^4}{c^3 h^3} \tag{1.5}$$

其中，k_B 是玻尔兹曼常数；c 是光速；h 是普朗克常数．变量 E、V、T，以及常数 k_B、c 和 h 都是量纲量．如果式（1.5）是量纲一致性的（确实如此），那么采用无量纲积等于无量纲数 C 的形式，即

$$\frac{E c^3 h^3}{V k_B^4 T^4} = C \tag{1.6}$$

在这种情况下，$C = \dfrac{8\pi^2}{15}$.

量纲分析

在这两个例子中，我们将式（1.3）和式（1.5）中物理量之间的量纲一致性关系分别转化为式（1.4）和式（1.6）中一个或多个无量纲积的关系. 稍后我们将学习与这一过程相反的方法. 首先，利用瑞利算法（Rayleigh）发现与特定状态或过程相关的无量纲积. 在只找到一个无量纲积的情况下，唯一能形成无量纲一致性方程的方法是使这个积等于式（1.6）中的无量纲数. 而在找到两个或多个无量纲积时，如式（1.3）的情况，它们必须通过某种函数建立关系，如式（1.4）所示. 瑞利算法并不能决定这些数和这些函数，而只是找出无量纲积.

1.3 量纲公式

每个物理量都会呈现出用一个数乘上度量单位的形式——例如 5kg 或 16m. 此外，每个度量单位的量纲都是已知的，每秒 1 米和每小时 1 公里都是长度/时间，而 1 吨和 1 公斤都是质量. 我们需要知道每个相关物理量的量纲，更确切地说是量纲公式，以便对状态或过程进行量纲分析. 为此，我们使用符号 M 表示质量的量纲，L 表示长度的量纲，T 代表时间的量纲，符号 $[x]$ 表示"x 的量纲". 因此，$[m] =$ M 和 $[g] = LT^{-2}$ 都是量纲公式. 虽然不是所有量纲公式都能用 M、L 和 T 来表示，但是大多数量纲公式都可以用 M、L 和 T 来表示.

由于因子乘积的量纲公式是每个因子量纲公式的乘积，所以 $[ma] = [m][a]$. 为方便起见，我们定义无量纲数的量纲为 1. 这样 $[\pi] = 1$，于是 $[9.8\mathrm{m/s}^2] = [9.8][\mathrm{m/s}^2] = [g] = LT^{-2}$.

1.4 瑞利算法

约翰·威廉·斯特拉特（John William Strutt，1842—1919），著名的瑞利勋爵，他在长期的职业生涯中，成功地将量纲分析应用于许多问题．他对桥梁的强度、水面的波速、音叉和落水的振动、天空的颜色、电路中的电荷衰减、黏度的决定因素，以及热物体浸在凉水中的热流进行了量纲分析．1915 年，瑞利在他的序言中总结了量纲一致性原理（他称之为"相似原理"）的应用．

我注意到最初的著作很少关注相似原理．这给我留下了深刻的印象．在精心设计的实验基础上，以"定律"的形式提出来的新奇结果并不少见，因为这些实验很可能是经过几分钟考虑后就被事先预测了的[4]．

虽然量纲分析的应用可能要超过"几分钟的考虑"，但是瑞利的"相似原理"的应用方法却是简单而直接的．和其他许多方法一样，我们使用它时只需稍加修改．

圆锥体内表面上的小球

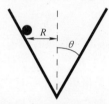

为了说明瑞利的方法，设想一个质量为 m 的小球从半径为 R、半角为 θ 的倒立圆锥体的内表面往下滚动，如图 1.1 所示．我们想知道小球完成一次轨道滑动所需时间 Δt 是如何取决于 m、R 和 θ 的．重力加速度 g 也可以纳入我们所寻求的关系中．

图 1.1　小球在半角为 θ 的圆锥体的内表面

毕竟，重力是使小球保持在圆锥体表面的两种力之一．构成圆锥体和小球材料的分子间的作用力也在某种程度上决定了周期 Δt，但是我们忽略这些作用力，因为假设小球停留在圆锥体的表面时就充分考虑了它们的影响．通过分析，我们引入一些变量和常数，建立了小球的运动模型．

瑞利算法

瑞利的量纲分析方法可以识别出由模型变量和常数（这个例子中的 Δt、m、R、g 和 θ）形成的无量纲积．每个无量纲积都用 $\Delta t^\alpha m^\beta R^\gamma g^\delta \theta^\varepsilon$ 的形式（其中指数 α、β、γ、δ 和 ε 起决定作用）的形式，或更简单地由指数 α、β、γ 和 δ 决定的 $\Delta t^\alpha m^\beta R^\gamma g^\delta$ 形式．毕竟，无论以弧度还是以度数表示，角度 θ 都与弧长和半径之比即一个长度与另一个长度之比成正比．虽然角度有单位（度或弧度），但它们的单位却是无量纲的. 瑞利算法寻找无量纲积的关键是要求积 $\Delta t^\alpha m^\beta R^\gamma g^\delta$ 是无量纲的. 因为

$$
\begin{aligned}
\left[\Delta t^\alpha m^\beta R^\gamma g^\delta\right] &= \left[\Delta t^\alpha\right]\left[m^\beta\right]\left[R^\gamma\right]\left[g^\delta\right] \\
&= \left[\Delta t\right]^\alpha\left[m\right]^\beta\left[R\right]^\gamma\left[g\right]^\delta \\
&= T^\alpha M^\beta L^\gamma \left(LT^{-2}\right)^\delta \\
&= T^{\alpha-2\delta} M^\beta L^{\gamma+\delta}
\end{aligned}
\tag{1.7}
$$

积 $\Delta t^\alpha m^\beta R^\gamma g^\delta$ 是无量纲的, 即

$$
T:\ \alpha - 2\delta = 0 \tag{1.8a}
$$

$$
M:\ \beta = 0 \tag{1.8b}
$$

$$
L:\ \gamma + \delta = 0 \tag{1.8c}
$$

式 (1.8a) ~ 式 (1.8c) 含有四个未知量 α、β、γ 和 δ, 其中含有参数 α 的一族解是 $\beta = 0$、$\gamma = -\alpha/2$ 和 $\delta = \alpha/2$. [式 (1.8a) ~ 式 (1.8c)前面的符号 T、M 和 L 标识了每个约束的来源.] 因此, $(\Delta t g^{1/2}/R^{1/2})^\alpha$ 对于任意 α 都是无量纲的, 这意味着 $\Delta t g^{1/2}/R^{1/2}$ 和 θ 也是无量纲的. 一旦知道了由模型的量纲变量和常数可以产生无量纲积, 则它们一定可以通过不确定函数建立联系, 在本例中, 它们的关系可以由下式表达

$$
\Delta t = \sqrt{\frac{R}{g}} \cdot f(\theta) \tag{1.9}
$$

式中, $f(\theta)$ 是无量纲"积" θ 的无量纲函数. 这是量纲分析本身带给我们的. 更详细的动态研究揭示出 $f(\theta) = 2\pi\sqrt{\tan\theta}$.

瑞利算法的改进

注意, 式 (1.9) 可以通过含非零指数参数 α 的一族解求解, 并且识别出无量纲积 $\Delta t g^{1/2}/R^{1/2}$ 独立于 α. 在 Δt^α 中引入指数 α 看起来是多余的, 但实际上, 只有寻求的变量 Δt 才是我们感兴趣的变量, 它仍然在无量纲积中. 在这种情况下, 自由地选择 α 是没有坏处的. 特别地, 选择 $\alpha = 1$ 相当于确定剩余三个指数 β、γ 和 δ, 使 $\Delta t m^\beta R^\gamma g^\delta$ 是无量纲的. 于是 $\beta = 0$、$\gamma = -1/2$ 和 $\delta = 1/2$. 此解再次产生无量纲积 $\Delta t g^{1/2}/R^{1/2}$. 因此, 我们的做法是, 在无量纲积中将指数为 1 的感兴趣的变量作为第一因子.

注意到，正如在 $\Delta t g^{1/2}/R^{1/2} = f(\theta)$ 中所做的那样，这种分析是在仅知道 Δt、m、R、g 和 θ，并通过未知函数 $\Delta t = h(m, R, g, \theta)$ 建立联系的基础上取得的重大进展．假设根据经验确定式（1.9）中的函数 $f(\theta)$ 时需要 10 对 $\Delta t g^{1/2}/R^{1/2}$ 与 θ 的数据．由于 10 对数据决定了其中一项是如何依赖于另外一项的（其他项保持不变），所以需要 10^4 对数据需要确定变量 Δt 是如何依赖于其他四个物理量 m、R、g 和 θ 的．因此，需要 10^4 对数据来确定 $\Delta t = h(m, R, g, \theta)$ 中的函数．瑞利算法的工作量只相当于原来的 $1/1000$！

1.5 白金汉 π 定理

1914 年，埃德加·白金汉（Edgar Buckingham，1867—1940）用形式代数详细地证明了到目前为止仅是说明性的一个定理，这个定理通常被称为白金汉 π 定理，或更简单地称为 π 定理[5]．π 定理可分为概念分明的两个部分．π 定理第一部分的内容如下：

如果一个方程是量纲一致的，那么它可以归结为一组独立的无量纲积之间的关系[6].

一组无量纲积是完备的，当且仅当所有可能的无量纲积的物理量都可以表示为该集合成员的幂的乘积．该集合的成员是独立的，当且仅当它们都不能表示为其他成员的幂的乘积⊖．π 定理中的符号 π 指的是一组独立的无量纲积的全体成员．白金汉用 π_1，π_2，…表示这些无量纲积．例如，在圆锥体内表面的小球问题中，$\pi_1 = \Delta t g^{1/2}/R^{1/2}$ 和 $\pi_2 = \theta$.

π 定理第二部分的内容如下：

完备且独立的无量纲积的数目 N_P 等于描述状态或过程的物理量的数目 N_V 减去表示其量纲公式所需的最小量纲数目 N_D，即

⊖ 一组完备的独立乘积加上所有可由它们形成的无量纲乘积本身就是一个群，因为这些积满足：（a）在乘法下是封闭的，（b）包含一个单位元 1，（c）每个积 π_i 都有一个逆 π_i^{-1}.

$$N_P = N_V - N_D \tag{1.10}$$

式（1.10）是 π 定理最常用的表示形式.

1.6 量纲数目

大多数的量纲分析采用 M、L 和 T 作为适合于力学过程和状态的量纲. 我们在描述圆锥体内表面的小球时就是这样做的. 在这种情况下, $N_D = 3$. 此外, 由于 Δt、m、R、g 和 θ 也描述了小球的运动, $N_V = 5$, 因此根据式（1.10）: $N_P = N_V - N_D$, 应产生完备且独立的 2（$= 5 - 3$）个无量纲积. 通过应用瑞利算法可知, 它们是 $\Delta t g^{1/2}/R^{1/2}$ 和 θ. 集合 $\Delta t g^{1/2}/R^{1/2}$ 和 θ 是完备的, 因为 Δt、m、R、g 和 θ 的每一个可能的无量纲积都可以表示为 $\Delta t^2 R/g$ 的幂乘上 θ 的幂的乘积. 集合的成员是独立的, 因为 $\Delta t^2 R$ 和 θ 不是彼此的幂.

但表示物理量的量纲公式所需的最小量纲数目 N_D 并不总是 3, 本例就是这样. 最小量纲数目也不必是经常出现在力学问题中的 M、L 和 T. 相反地, 用白金汉的话说, 对于量纲的要求是 "任意的基本单元（量纲）都可以作为绝对系统的基础"[7]. 只有确保 N_D 是所需的最小量纲数目时, 我们才能依赖于要观察的 $N_P = N_V - N_D$; 否则, $N_P = N_V - N_D$ 仍然只是一个 "经验法则"——经常可以被观察到, 但有时也行不通. 在 2.2 节中, 我们将学习如何识别最小量纲数目.

1.7 无量纲积的数目

注意到由 π_1, π_2, $\cdots$, π_{N_P} 产生的无量纲积越多, 由量纲模型描述的确定状态或过程也就越少. 毕竟, 如果只产生一个积 π_1, 那么所寻求的结果就可以设为 $f(\pi_1) = 0$ 的形式, 其解 $\pi_1 = C$ 是一个待定的无量纲数 C. 如果产生两个无量纲积 π_1 和 π_2, 则它们通过 $g(\pi_1, \pi_2) = 0$ 建立联系, 其解 $\pi_1 = h(\pi_2)$ 是含有一个变量的待定函数 $h(\pi_2)$. 如果产生三个无量纲积 π_1、π_2 和 π_3, 则它们通过函数 $j(\pi_1, \pi_2, \pi_3) = 0$ 建立联系, 其解 $\pi_1 = k(\pi_2, \pi_3)$ 是含有两个变量的待定函

数 $k(\pi_2, \pi_3)$. 显然，为了更好地确定状态或过程，我们需要最小化完备且独立的无量纲积的数目 N_P. 根据经验法则 $N_P = N_V - N_D$，假设我们有这样的自由，可以通过最小化 N_V（描述模型的物理量的数目）和通过最大化 N_D（这些物理量可以用来表示量纲的最小数目）来实现这一点. 然而，最小化 N_V 和最大化 N_D 并不是简单的任务，两者都需要技巧和判断——构建物理状态或过程的模型需要相同的技巧和判断.

1.8 实例：理想气体的压强

对理想气体的压强 p 如何依赖于描述其状态的量所进行的量纲分析阐明了许多想法. 气体施加在容器壁上的压强是气体分子与容器壁碰撞并传递动量的单位面积平均速率. 理想气体模型把这些分子看作随机的、自由移动的大质量点粒子，它们与其他粒子和壁的瞬时碰撞保存了它们的能量.

因此，我们认为理想气体的压强 p 应该取决于气体分子 N/V 的数目密度（其中 N 是容积 V 中包含的气体分子的数目）、每个分子 m 的质量，以及它们的平均或特征速率 $\overline{v}$. 这些参数应该是足够了，因为它们是组成气体粒子动量、碰撞速率和能量的元素. 为了包含其他物理量，如重力加速度 g，将引入不相关的无量纲积，并使得我们的结果不会因为信息不足而显得那么不精确. 为了便于参考，我们将这些符号以及它们的描述和量纲公式列在表 1.1 中.

表 1.1

符号	描述	量纲公式
p	压强	$ML^{-1}T^{-2}$
N/V	数量密度	L^{-3}
m	分子质量	M
$\overline{v}$	特征速率	LT^{-1}

注意，我们只将体积 V 中的粒子数 N 包括在 N/V 的组合中. 因此，我们有 4（$= N_V$）个变量：p、N/V、m 和 $\overline{v}$. 由于它们是用

3（$=N_D$）个量纲 M、L 和 T 来表示的，所以经验法则 $N_P = N_V - N_D$ 预测了 1（$= 4 - 3$）个无量纲积.

回想在运用瑞利算法时，我们处处都会输入感兴趣的变量，它能用我们寻求的其他变量表示，在这种情况下，位于 $p\,(N/V)^\alpha m^\beta \overline{v}^\gamma$ 首位的气体压强 p 的指数是 1，然后求出使得这个积是无量纲的三个指数 α、β 和 γ. 因此

$$[p\,(N/V)^\alpha m^\beta \overline{v}^\gamma] = (ML^{-1}T^{-2})(L^{-3})^\alpha M^\beta (LT^{-1})^\gamma \qquad (1.11)$$
$$= M^{1+\beta} L^{-1-3\alpha+\gamma} T^{-2-\gamma}$$

所以，指数必须满足下列约束条件

$$M: 1 + \beta = 0 \qquad (1.12a)$$
$$L: -1 - 3\alpha + \gamma = 0 \qquad (1.12b)$$
$$T: -2 - \gamma = 0 \qquad (1.12c)$$

由式（1.12a）~式（1.12c）可以得到 $\alpha = -1$、$\beta = -1$ 和 $\gamma = -2$. 因此无量纲积是 $p(V/N)(m\overline{v}^2)^{-1}$，所以

$$pV = C \cdot Nm\overline{v}^2 \qquad (1.13)$$

其中，C 是一个待定的无量纲数.

有趣的是，这个结果并不完全是玻意耳定律. 后者认为，在恒温环境下处于热平衡的气体的压强 p 与其体积 V 成反比，即 $p \propto 1/V$. 在理想气体模型中，只有当 $m\overline{v}^2$ 与温度一一对应时，式（1.13）才等价于玻意耳定律.

如果允许体积 V 进行独立于数目密度 N/V 的计算，那么变量 p、N、V、m 和 $\overline{v}$ 的数目将增加到 5（$N_V = 5$），而量纲 M、L 和 T 的数目仍保持在 3（$N_D = 3$）. 根据经验法则 $N_P = N_V - N_D$，分析将产生 2（$= N_P$）个独立的无量纲积. 由于 $pV/(m\overline{v}^2)$ 和 N 是两个独立的无量纲"积"，因此我们不需要进一步研究. $pV/(m\overline{v}^2) = f(N)$，其中 $f(N)$ 是一个待定的函数，其信息量比 $pV/(Nm\overline{v}^2) = C$ 小得多. 一般来说，如果模型假设允许减少物理量的数目，我们就应该减少.

1.9 要避免的错误

有时需要对状态或过程的模型进行理想化和简化. 决定描述状态或过程所需需要的量以及应该如何理想化和简化是需要技巧和判断的. 量纲分析也需要类似的技巧和判断, 因为量纲分析中的分析是对模型的分析. 我们在量纲分析中使用的模型是由所用的物理量以及它们所表示的量纲决定的.

物体改变形状, 还是保持不变? 流体是变成湍流, 还是保持层流? 热物体是辐射, 还是传导? 虽然量纲分析的某一部分可以简化为算法, 但没有算法可以帮助我们回答这些问题. 相反, 我们的答案恰恰定义了所描述的状态或过程以及所采用的模型.

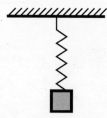

图 1.2 弹簧–质量系统

有时我们也会犯错误. 在采用模型和对模型进行量纲分析时所犯的错误有许多种. 识别这些错误的最好方法是在特定示例中识别它们.

例如, 假设有一位经验相对缺乏的建模者. 他试图求出悬挂在弹簧 (弹簧常量为 k) 末端物体的振荡频率的表达式, 物体的质量为 m, 密度为 ρ, 体积为 V, 如图 1.2 所示. 因为物体的重量会拉动弹簧, 所以这与重力加速度 g 有关. 于是, 他便天真地将符号及其描述和量纲公式列在表 1.2 中.

表 1.2

符号	描述	量纲公式
ω	频率	T^{-1}
m	质量	M
k	弹簧常量	MT^{-2}
ρ	质量密度	ML^{-3}
V	体积	L^{3}
g	重力加速度	LT^{-2}

由于有 $6(=N_V)$ 个物理量和 $3(=N_D)$ 个量纲，根据经验法则 $N_P = N_V - N_D$，量纲分析应产生 3 ($=N_P$) 个无量纲积. 因此，需要求出指数 α、β、γ、δ 和 ε，使得 $\omega m^\alpha k^\beta \rho^\gamma V^\delta g^\varepsilon$ 是无量纲的. 我们发现

$$\omega m^\alpha k^\beta \rho^\gamma V^\delta g^\varepsilon = T^{-1} M^\alpha (MT^{-2})^\beta (ML^{-3})^\gamma (L^3)^\delta (LT^{-2})^\varepsilon$$
$$= T^{-1-2\beta-2\varepsilon} M^{\alpha+\beta+\gamma} L^{-3\gamma+3\delta+\varepsilon}$$

$$(1.14)$$

因此，指数满足下列约束条件

$$T: -1 - 2\beta - 2\varepsilon = 0 \qquad (1.15a)$$
$$M: \alpha + \beta + \gamma = 0 \qquad (1.15b)$$
$$L: -3\gamma + 3\delta + \varepsilon = 0 \qquad (1.15c)$$

式（1.15a）~ 式（1.15c）可以通过 $\alpha = 1/2 - \delta + 4\varepsilon/3$，$\beta = -1/2 - \varepsilon$ 和 $\gamma = \delta - \varepsilon/3$ 求解. 因此，对任意的 δ 和 ε，有

$$\omega m^\alpha k^\beta \rho^\gamma V^\delta g^\varepsilon = \left(\frac{\omega m^{1/2}}{k^{1/2}}\right) \left(\frac{\rho V}{m}\right)^\delta \left(\frac{m^{4/3} g}{k\rho^{1/3}}\right)^\varepsilon \qquad (1.16)$$

正如预期的那样，分析产生了 3 个无量纲积：$\omega m^{1/2}/k^{1/2}$、$\rho V/m$ 和 $m^{4/3} g/(k\rho^{1/3})$. 于是

$$\omega = \sqrt{\frac{k}{m}} \cdot f\left(\frac{\rho V}{m}, \frac{m^{4/3} g}{k\rho^{1/3}}\right) \qquad (1.17)$$

其中，$f(x,y)$ 是含有两个变量的待定函数，这个结果用其他物理量形式化地表示了振荡频率 ω. 即便如此，式（1.17）本身并未告诉我们什么期待更多的信息，问题出在哪里呢？

没有最小化物理量数目的错误

忽略了模型中隐含的物理量之间的关系是错误的. 显然，物体在弹簧末端的质量 m 与它的（假定恒定的）质量密度 ρ 和体积 V 通过 $m = \rho V$ 建立联系. 如果是这样，那么式（1.17）就转化成

$$\omega = \sqrt{\frac{k}{m}} \cdot f\left(1, \frac{m^{4/3} g}{k\rho^{1/3}}\right) \qquad (1.18)$$

其中，$f(1,x)$ 现在是只有一个变量的待定函数.

式（1.18）既然满足 $m = \rho V$，那么模型物理量的集合只需要 m、ρ 和 V 这三个变量中的两个. 于是 N_V 从 6 减少到 5. 由于量纲的数目

N_D 仍然是 3，所以无量纲积的数目 N_P（$= N_V - N_D$）减少为 2（$= 5 - 3$），只有 $\omega m^{1/2}/k^{1/2}$ 和 $m^{4/3}g/(k\rho^{1/3})$，这样就产生了式（1.18）. 虽然式（1.18）比式（1.17）有所改进，但透露的信息仍然很少.

式（1.17）和式（1.18）都不正确，两者都没有告诉我们想要知道的信息. 经验丰富的建模者和分析者可能会发现，我们还没有将物理量的数目降到最低. 例如，难道我们不应该知道重力加速度 g 仅仅只是移动平衡位置，而不会改变平衡点周围的振荡频率吗？有了这些知识，我们就可以把相关物理量的列表抛到脑后. 然后，我们就只有 4 个物理量和 3 个量纲，并分析产生 1 个无量纲乘积 $\omega m^{1/2}/k^{-1/2}$. 因此，

$$\omega = C \cdot \sqrt{\frac{k}{m}} \tag{1.19}$$

其中，C 是一个待定的数.

此时，人们可能会担心只有当分析者已经知道解决方案时，量纲分析才能起到很好的作用. 这当然不是真的！当然，更多的知识总是会有帮助的. 但是，为了从量纲分析中学到一些东西，我们不需要知道一切. 量纲分析还有其他方法可以使我们远离诸如 $m^{4/3}g/(k\rho^{1/3})$ 所造成的问题. 因此，还可以通过其他方法将从未成形的和信息不足的式（1.18）变成信息最充分的和最有用的式（1.19）. 在后面的章节中我们将学习更多的"其他方式".

基本思想

根据 π 定理，每个量纲一致方程都可以反映无量纲积之间的关系. 此外，这些无量纲积的数目 N_P 等于描述状态或过程的物理量的数目 N_V 减去用这些物理量来表示量纲的最小数目 N_D，即 $N_P = (N_V - N_D)$. 瑞利算法是一种用于确定无量纲积的分析机. 量纲模型由物理量和量纲公式构成.

1.10 习题

习题部分是对正文内容的扩展. 除了问题叙述中给出的答案，其

余均列于书末附录.

1.1　无量纲乘积. 在温度为 T 时, 附近由壁包围的空腔中每差频间隔的辐射能量为

$$\rho = \frac{8\pi\nu^3}{c^3}\frac{h}{e^{h\nu/(k_B T)}-1}$$

该光谱能量密度 ρ 具有由能量除以体积和频率的量纲. 其中, c、h 和 k_B 分别是光速、普朗克常数和玻尔兹曼常数. 假设这个关系是量纲一致的, 且 $[h] = \text{ML}^2\text{T}^{-1}$, $[k_B] = \text{ML}^2\text{T}^{-2}\Theta^{-1}$ 和 $[T] = \Theta$. 光谱能量密度可以用什么样的无量纲积 π_1 和 π_2 来表示?

1.2　滑冰运动员. 质量为 m、速率为 v 的两个滑冰运动员都沿着直线平行地接近对方. r 是分隔他们两人的直线间的距离. 在接近时, 他们会抓住彼此的手, 开始绕着共同的质心旋转. 利用瑞利算法来确定他们的旋转频率 f 是如何依赖于这些变量的.

1.3　向心加速度. 质量为 m 的物体在半径为 R 的圆周上以速率 v 运动. 使用瑞利算法确定其加速度 a 的表达式.

1.4　行走弗劳德（Froude）数. 假设双足或四足动物的正常移动速率 v 是其腿长 l（被视为物理摆）和重力加速度 g 的函数.

（a）证明: 腿的质量不在含有 v、l 和 g 的无量纲积中;

（b）证明: 由这些变量构成的无量纲积是行走弗劳德数 $v^2/(gl)$;

（c）步行速率是如何取决于腿长 l 的?

（d）假定多数人的步速大约是 $1.4\,\text{m/s}$, 估计典型人群的行走弗劳德数（你必须估计出人的腿长 l）;

（e）通过测量正常步速和腿长来估计你自己的行走弗劳德数.

1.5　振弦. 长度为 l 且每单位长度的质量为 λ 的导线系在两根柱子上, 两根柱子之间的线被拉紧, 如此产生的张力是 τ. 假设导线的中间被拨动了, 利用瑞利算法确定导线振荡的周期 Δt 是如何依赖于 l、λ 和 τ 的.

1.6　穿越地球中心的坠落. 如图 1.3 所示, 假设你钻进了一条穿过地球中心的隧道. 然后你把一个质量为 m 的静止物体扔进隧道. 物体从地球的一端到另一端需要多长时间? 这个持续时间应该取决于

重力常数 G、地球密度 ρ 和地球半径 R，它也可能取决于下降物体的质量 m，这些物理量的描述以及它们的量纲公式列在表 1.3 中.

（a）因为用 5 个物理量表示了 3 个量纲，因此根据经验法则 $N_P = N_V - N_D$，应该有 2（$= 5 - 3$）个无量纲积. 利用瑞利算法求出无量纲积 π_1 和 π_2.

（b）从持续时间 Δt 所依赖的物理量列表中消除物体的质量 m 是很合理的. 再次使用瑞利算法求出忽略质量 m 后的物理量所产生的单个无量纲积. 导出持续时间 Δt 的表达式.

表 1.3

Δt	持续时间	T
G	重力常数	$M^{-1}L^3T^{-2}$
ρ	地球密度	ML^{-3}
R	地球半球	L
m	物体质量	M

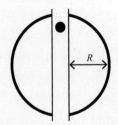

图 1.3 落入地球中心的物体

第2章
力 学

2.1 运动学与动力学

力学分为运动学（描述运动）和动力学（研究力及其结果）. 而动力学又可分为平衡动力学（也称为静力学）和非平衡动力学，前者考虑相互平衡的力，后者会引起物体加速. 如果只想描述在自由下落过程中的物体，那么只考虑运动学就可以了. 如果想知道是什么决定了与平衡物体重量（该物体以终极速率下落）相平衡的阻力，则需要考虑平衡动力学. 如果想知道力是如何使物体加速达到终极速率的，就要考虑非平衡动力学. 了解所面临的问题的类型对于辨别哪些物理量能成为问题的解是很重要的. 力学的量纲公式通常用 M、L 和 T 表示. 因此，速度的量纲公式是 LT^{-1}，加速度的量纲公式是 LT^{-2}.

一般来说，在方程两边使用"…的量纲"符号"$[\cdots]$"可以很好地发现量纲公式. 例如，在非平衡动力学中，力的量纲公式是根据牛顿第二运动定律 $F = ma$ 推导而来的. 由于 $[F] = [ma]$，$[ma] = [m][a]$，$[m][a] = MLT^{-2}$，所以 $[F] = MLT^{-2}$. 同理，弹簧的刚度系数 k 的量纲公式也可由拉伸或压缩距离为 x 的弹簧所施加的线性回复力 $F = -kx$ 得到. 因此，$[k] = [F]/[x]$，且 $[k] = MT^{-2}$.

2.2 有效量纲

考虑用活塞（无摩擦、无质量）密闭在容器内的一种气体，活塞

的横截面面积为 A，其上有一质量为 m 的物体，如图 2.1 所示. 假设忽略大气压强，那么压强 p 是如何依赖于质量 m 的呢？显然，$p = mg/A$. 但在这里，我们更加关注的是量纲分析产生这种结果的特殊方式.

在量纲分析中，我们可以使用 p、m、g 和 A 这 4 个物理量. 但是如果把质量 m 和重力加速度 g 的乘积在结果中看作一个整体，并称之为重力 $w(= mg)$，这样的话物理量就变成了 3 个：p、w 和 A. 这些物理量的符号及其描述和量纲公式都列在表 2.1 中.

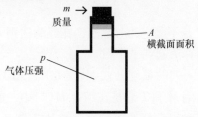

图 2.1 容器中的气体

表 2.1

符号	描述	量纲公式
p	压强	$ML^{-1}T^{-2}$
w	重力	MLT^{-2}
A	横截面面积	L^2

由于物理量（量纲变量）的个数 $N_V = 3$ 与量纲个数 $N_D = 3$ 相同，因此按照瑞利算法应该产生 $0 = (3-3)$ 个无量纲积，即没有无量纲积（至少根据经验规则 $N_P = N_V - N_D$，是这样的）. 然而，由于我们知道确实存在一个无量纲积 pA/w，所以我们继续往下分析.

根据瑞利算法，无量纲积可以通过选择指数 α 和 β 来得到，所以，要使 $pw^{\alpha}A^{\beta}$ 是无量纲的，它必须满足下式：

$$[pw^{\alpha}A^{\beta}] = ML^{-1}T^{-2}(MLT^{-2})^{\alpha}(L^2)^{\beta}$$
$$= M^{1+\alpha}L^{-1+\alpha+2\beta}T^{-2-2\alpha}$$
$$= 1 \tag{2.1}$$

和约束条件

$$M: 1+\alpha = 0 \tag{2.2a}$$

$$L: -1 + \alpha + 2\beta = 0, \qquad (2.2b)$$

和

$$T: -2 - 2\alpha = 0. \qquad (2.2c)$$

由于式（2.2a）和式（2.2c）是等价的，所以只需其中一个即可。因此，$\alpha = -1$，$\beta = 1$。正如预想的那样，这个解产生了无量纲乘积 pA/w 或 $pA/(mg)$，并得到结果

$$p = C \cdot \frac{mg}{A} \qquad (2.3)$$

其中，无量纲数 C 是不确定的。显然，在经验法则 $N_P = N_V - N_D$ 不成立的情况下，瑞利算法起到了作用。

表 2.1 最右边一列的量纲公式 $ML^{-1}T^{-2}$、MLT^{-2} 和 L^2 揭示了一个有趣的结构。量纲 M 和 T 总是在组合 MT^{-2} 中一起出现。从运算上来说，M 和 T 的这种组合好像将量纲个数从 3 个（M、L 和 T）减少到了 2 个（MT^{-2} 和 L）。由 $N_V = 3$、$N_D = 2$ 和 $N_P = N_V - N_D$ 可知，$N_P = 1$。这种做法显然省去了经验法则 $N_P = N_V - N_D$。但为什么可以这样做？这样做可以一直有效吗？

有效量纲数目

如果将 N_D 定义为表达所有物理量的量纲公式所需的量纲或量纲组合的最小数目，则法则 $N_P = N_V - N_D$ 始终被遵循[8]。例如，要表达 p、w 和 A 的量纲公式，我们只需要 MT^{-2} 和 L 这两个量纲或它们的量纲组合即可。当然，我们也可以用 M、L 和 T 这三个量纲或它们的组合来表达 p、m、g 和 A 这四个物理量的量纲公式，每种情况都遵循经验法则 $N_P = N_V - N_D$。

为了方便起见，我们将"表达所有物理量的量纲公式所需的量纲或量纲组合的最小数目"称为有效量纲数目。可以注意到 MT^{-2} 和 L 这两个有效量纲在这个例子的第一个形式中进行了一些物理编码（物理编码是不难识别的）。因为作用在活塞上的力是相互平衡的，所以密闭状态的理想气体与质量为 m 的活塞处于平衡状态。这个物体和气体的任何部分都没有加速。这里用不到牛顿第二定律 $F = ma$。因此，在这种情况下，F 的量纲公式与 ma 的量纲公式是没有关系的。在更

一般的情况下，MLT^{-2} 的量纲公式在这里本身就是一个有效量纲，我们称之为量纲组合 MLT^{-2}，或者简记为 F. 我们依靠上下文来区分变量 F（表示力）和它的量纲 F.

显然，在 p、w 和 A 的量纲公式中只需出现两个量纲，MT^{-2} 和 L，即 L 和 F. 这些符号及其描述和有效量纲的量纲公式都列在表 2.2 中. 注意到，根据 $N_P = N_V - N_D$，3 个物理量和 2 个有效量纲可产生 1 个无量纲积，即 pA/w.

表 2.2

符号	描述	量纲公式	有效量纲
p	压强	（MLT^{-2}）L^{-2}	FL^{-2}
w	重力	（MLT^{-2}）	F
A	横截面面积	L^2	L^2

以这种方式来识别有效量纲和编码物理量之间的关系，它们的数目总是小于或等于这些物理量以其他方式表示的量纲数目. 在本例中是 M、L 和 T. 有效量纲的概念通常会被忽略，因为瑞利算法会自觉遵守 $N_P = N_V - N_D$，并自动识别有效量纲数目 N_D. 特别地，有效量纲数目就是确定无量纲积指数的独立约束的数目[9]. 因此，一旦明确了有效量纲数目，就可以明确地使用有效量纲，正如表 2.2 中最后一列所做的那样.

2.3 强制量纲

物理状态或过程的建模比算法更有技巧性. 量纲分析师有两种技巧，一种是选择适当的描述物理过程或状态的物理量的技巧，另一种技巧是选择量纲，并用量纲公式来表达这些物理量. 通常，在力学问题中，我们选择量纲 M、L 和 T，但在表 2.2 的最后一列中，我们选择用 L 和 F 来代替.

我们所说的量纲，指的是有些人选择将物理量命名为强制量纲，这是由于量纲分析师有意地采用或强加于它们[10]. 强制量纲在定义量纲模型方面并不逊于有效量纲. 正如我们已经看到和将要看到的，量纲 M、L 和 T 在力学状态或过程中并不是唯一被强加的量纲.

在本书中，我们总是使用瑞利算法，自然也要用到有效量纲。而有效量纲可以通过物理量列表以及它们的表达式得到. 有时，特别是在第 2～4 章中，在使用瑞利算法之前，我们会将明确的编码关系强加于量纲，以进一步定义量纲模型. 有意识地使用强制量纲，会增加 N_D 的数目，相应地减少无量纲积的数目 N_P ($=N_V-N_D$). 将下面的实例与 1.9 节中所做的相关分析进行比较就会得出这一结论.

2.4 实例：悬挂的弹簧 – 质量系统

在 1.9 节中，我们首次遇到悬挂弹簧 – 质量系统. 假设弹簧下端的刚性物体 m 上下跳动，其体积 V 与弹簧的位置或弹簧的拉伸与压缩无关. 因此，体积的量纲公式 $[V]$ 与描述物体的位置和弹簧的拉伸或压缩的量纲 L 无关. 特别地，$[V]$ 不是 L^3. 但 $[V]=V$，在这种情况下，V 是强制量纲的符号，而 V 则是表示体积量纲变量的符号. 因此，我们根据强制量纲 M、L、T 和 V，重新设置了 1.9 节中的表格. 显然，量纲数目 N_D 从 3 增加到 4，相应地，无量纲积的数目 N_P ($=N_V-N_D$) 也从 3 减少到 2. 悬挂式弹簧 – 质量系统的符号及其描述以及考虑用这些强制量纲的量纲公式都列在表 2.3 中.

表 2.3

符号	描述	量纲公式
ω	频率	T^{-1}
m	质量	M
k	弹簧常量	MT^{-2}
ρ	质量密度	MV^{-1}
V	体积	V
g	重力加速度	LT^{-2}

当 $\omega m^\alpha k^\beta \rho^\gamma V^\delta g^\varepsilon$ 满足式（2.4）和下述约束时是无量纲的：

$$
\begin{aligned}
\left[\omega m^{\alpha}k^{\beta}\rho^{\gamma}V^{\delta}g^{\varepsilon}\right] &= T^{-1}M^{\alpha}(MT^{-2})^{\beta}(MV^{-1})^{\gamma}V^{\delta}(LT^{-2})^{\varepsilon} \\
&= T^{-1-2\beta-2\varepsilon}M^{\alpha+\beta+\gamma}V^{-\gamma+\delta}L^{\varepsilon} \\
&= 1
\end{aligned}
$$
(2.4)

$$T: -1-2\beta-2\varepsilon=0 \tag{2.5a}$$

$$M: \alpha+\beta+\gamma=0 \tag{2.5b}$$

$$V: -\gamma+\delta=0 \tag{2.5c}$$

和

$$L: \varepsilon=0 \tag{2.5d}$$

解得 $\beta=-1/2$，$\gamma=1/2-\alpha$，$\delta=1/2-\alpha$ 和 $\varepsilon=0$. 因此

$$\omega m^{\alpha}k^{\beta}\rho^{\gamma}V^{\delta}g^{\varepsilon}=(\omega\rho^{1/2}V^{1/2}/k^{1/2})\left[m/(\rho V)\right]^{\alpha}$$

其中，α 是任意的，两个无量纲积分别是 $\omega\sqrt{\rho V/k}$ 和 $\rho V/m$.

这两个无量纲积是完整的，所以我们可以利用它们产生其他形式. 特别地，如果我们用第一个无量纲积乘以第二个无量纲积的平方根的倒数，会得到更简便的形式 $\omega\sqrt{m/k}$ 和 $\rho V/m$. 它们之间建立的联系见下式：

$$\omega=\sqrt{\frac{k}{m}}\cdot h\left(\frac{\rho V}{m}\right) \tag{2.6}$$

其中，$h(x)$ 是一个待定函数. 假设 $m=\rho V$，上述结果化简为

$$\omega=C\cdot\sqrt{\frac{k}{m}} \tag{2.7}$$

其中，$C=h(1)$ 是一个待定的无量纲数. 曾经在 1.9 节困扰我们的可怕的无量纲积 $m^{4/3}g/(k\rho^{1/3})$ 并没有出现.

不加鉴别地使用量纲 M、L 和 T 时，它们是绝对的，如在 1.9 节中，因为它们允许任何力学状态或过程，即使这一点并未言明. 与之相反，强制量纲则是相对的，因为它们将特定的状态或过程限制在所采用的模型中（其具有理想化和简化性），而非包含各种物理可能性的现实世界中.

2.5 实例：悬挂、拉伸电缆

当把诸如钢、玻璃、混凝土、骨头、水或空气等材料理想化为弹

簧，并在某一点推拉时，便会扫过一个面．这些材料的等效"弹簧常量"称为体积模量．各向同性材料的体积模量 K 被定义为材料压强增量 Δp 与材料体积相对增量 $\Delta V/V$ 的比例常数，因此 $\Delta p = -K(\Delta V/V)$．其中的负号表示材料体积 V 的减少会导致其压强 p 的增加．因此，体积模量 $[K]$ 与压强 $[p]$ 的量纲公式相同．表 2.4 中列出了以国际单位制表示的常用材料的体积模量，即帕或帕 $Pa^\ominus$．

表 2.4

材料	体积模量/10^9Pa
钢	160
玻璃	35 ~ 55
混凝土	30
骨	~ 9
水	2.2
空气	1.01

考虑一端悬挂着一条均匀而巨大的电缆．作为松弛长度 l 的一部分，电缆的拉伸量 s 是多少？我们认为，这种拉伸不仅取决于 l，还取决于松弛电缆的每单位长度的质量 λ、重力加速度 g 和电缆材料的体积模量 K．这些符号及其描述以及量纲公式列在表 2.5 中．表 2.5 的第三列给出了与 M、L 和 T 有关的量纲公式，而第四列则给出了与强制量纲 F、M 和 L 有关的量纲公式．这是一个平衡问题，在这种情况下，将力 F 作为一个强制量纲引入并不会使量纲数目 N_D 增加．在每种情况下，$N_V = 5$，$N_D = 3$，根据经验规则 $N_P = N_V - N_D$，分析应产生 2（$= 5 - 3$）个无量纲积．

还有一种方法是将每单位长度的质量 λ 与重力加速度 g 结合，形成每单位长度的重力 λg，其中 $[\lambda g] = FL^{-1}$．在这种情况下，表 2.5 简化为只有 4 行的表 2.6．这种方法虽然将 N_V 和 N_D 各减少 1，但无量纲积的数目仍然保持为 N_P（$= 2$）．以上三种方法中的任何一种都适用．物理量的数目越少，使用越方便，因此我们采用表 2.6，其中 F 和 L 是仅有的强制量纲．

⊖ 这些体积模量处于标准温度 0℃ 和标准压强 1.01×10^5 Pa 或 1 个标准大气压下．

表 2.5

符号	描述	量纲公式	强制量纲
s	拉伸量	L	L
l	长度	L	L
λ	单位长度的质量	ML^{-1}	ML^{-1}
g	重力加速度	LT^{-2}	FM^{-1}
K	体积模量	$ML^{-1}T^{-2}$	FL^{-2}

表 2.6

符号	描述	强制量纲
s	拉伸量	L
l	长度	L
λg	单位长度的重力	FL^{-1}
K	体积模量	FL^{-2}

在这种情况下，我们确实需要用瑞利算法去发现两个独立且完整的无量纲积. 对表进行简单地核查就可以了. 由于感兴趣的变量 s 仅在一个地方出现，故成对的无量纲积 s/l 和 $\lambda g/(lk)$ 使用起来特别方便. 这些无量纲积建立的关系见下式：

$$s = l \cdot f\left(\frac{\lambda g}{lK}\right) \tag{2.8}$$

其中，函数 $f(x)$ 是待定的. 这是量纲分析本身带给我们的.

尽管式（2.8）看起来不明确，但它却将 5 个物理量之间的未知关系转化为 2 个无量纲积之间的未知函数的关系. 此外，式（2.8）是另一种不同分析的良好起点，这种分析可以在合理的情况下将未知函数转化为无量纲积的幂.

2.6 渐近行为

有时我们会遇到一个单变量的待定函数 $f(x)$，其中 x 相对于 1 而言，要么非常小，要么非常大. 当 $x \ll 1$ 或 $x \gg 1$ 时，有三种可能性[11]：（1）$f(x)$ 接近非零的无量纲常数 C；（2）$f(x)$ 接近幂律 $C \cdot x^n$，其中 n 是非零指数；（3）两者都不是. 例如，可能性（3）中包括函数 $f(x)$ 无限振荡或指数和对数变化. 当 $x \ll 1$ 或 $x \gg 1$，C 与 n 都不确定，且 n 可能消失时，概括在式（2.9）的幂律近似中的可能性（1）和（2）才是有效的.

$$f(x) \approx C \cdot x^n \tag{2.9}$$

当然，仅通过量纲分析并不能揭示 $f(x)$ 的渐近行为. 但我们的物理意识却有可能. 如果 $x \ll 1$ 或 $x \gg 1$，我们应该问自己，"当 $x \to 0$ 或 $x \to \infty$ 时，$f(x)$ 会怎样变化？$f(x)$ 是接近一个有限常数还是应该单调地变小或变大？如果我们对这两个问题的答案都是"是"，则幂律极限 $f(x) \to C \cdot x^n$ 可能是合适的. 如果是这样的话，我们就可以确定 $n = 0$，$n > 0$，还是 $n < 0$.

为了说明这一点，我们回到 2.5 节中的拉伸、悬挂的电缆. 假设我们最关心的是线密度小于 $1 \mathrm{kg/m}$ 的几米长的电缆和体积模量为 $10^9 \mathrm{Pa}$ 或更大的普通固体材料. 这种情况下的无量纲比满足 $\lambda g/(lK) \leqslant 10^{-8}$. 由于 $f(\lambda g/(lK))$ 没有理由随 $\lambda g/(lK)$ 的减小而振荡或呈指数或对数变化，因此幂律的渐近形式是有意义的. 因此，我们用式（2.10）来近似式（2.8），有

$$s = C \cdot l \left(\frac{\lambda g}{lK} \right)^n \tag{2.10}$$

其中，常数 C 和指数 n 都是待定的.

我们期望电缆的拉伸量 s 对物理量 l、λ、g 和 K 的依赖性能进一步约束 n. 首先，$n > 0$，否则，s 不会随着电缆的单位长度的质量 λ 而增加. 其次，对于相同构成的电缆，较长的比较短的拉伸量要大，所以 $n < 1$. 因此，$0 < n < 1$. 由 $n = 1/2$ 的猜测可以得到 $s = C' \sqrt{l \lambda g / K}$. 这一结果虽然与量纲一致性以及我们的期望一致，但却超出了我们的认知.

2.7 实例：声速

声音在空气、水和金属中传播. 空气、水和金属都是弹性材料,这些材料在推拉等外力的作用下会发生变形, 外力消失后, 材料恢复原状. 体积模量 K 是保持这些材料接近平衡的内力的最佳表达式.

从材料的某一部分开始并返回平衡的位移会导致振荡, 其影响是以被称为声速的特征速率传递到其相邻部分的. 由于质量密度 ρ 描述了材料中的惯性, 因此, 弹性材料中的声速 c_s 取决于其体积模量 K 和质量密度 ρ. 还有其他量吗? 由粒子质量 m 和速率 $\bar{v}$ 决定的内部动能 $m\bar{v}^2$ 会不会也是? 这是有可能的.

四个物理量 c_s、K、ρ 和 $m\bar{v}^2$ 描述了一个非平衡力学模型. 出于这一原因, 我们采用表 2.7 所示的三个量纲 M、L 和 T.

表 2.7

符号	描述	量纲公式
c_s	声速	LT^{-1}
K	体积模量	$ML^{-1}T^{-2}$
ρ	质量密度	ML^{-3}
$m\bar{v}^2$	内部动能	ML^2T^{-2}

如果强制量纲 M、L 和 T 都是有效量纲, 则瑞利算法将会产生 1 ($=4-3$) 个无量纲积. 这些物理量会形成一个无量纲积 $c_s K^\alpha \rho^\beta (m\bar{v}^2)^\gamma$, 其中 c_s 占据了我们为感兴趣变量而保留的位置. 因为

$$[c_s K^\alpha \rho^\beta (m\bar{v}^2)^\gamma] = LT^{-1}(ML^{-1}T^{-2})^\alpha (ML^{-3})^\beta (ML^2T^{-2})^\gamma$$

$$= L^{1-\alpha-3\beta+2\gamma} T^{-1-2\alpha-2\gamma} M^{\alpha+\beta+\gamma} \qquad (2.11)$$

若 $c_s K^\alpha \rho^\beta (m\bar{v}^2)^\gamma$ 是无量纲的, 则式 (2.11) 中的 α、β 和 γ 满足以下约束条件

$$L: 1-\alpha-3\beta+2\gamma=0 \qquad (2.12a)$$

$$T: -1-2\alpha-2\gamma=0 \qquad (2.12b)$$

和

$$\text{M：} \alpha + \beta + \gamma = 0 \qquad (2.12c)$$

式（2.12a）~式（2.12c）的解是 $\alpha = -1/2$、$\beta = 1/2$ 和 $\gamma = 0$. 因此，

$$c_s = C \cdot \sqrt{\frac{K}{\rho}} \qquad (2.13)$$

其中，C 是一个待定的无量纲数. 因为理想气体的体积模量 K 是它的压强 p，所以理想气体中的声速由 $c_s = C \cdot \sqrt{p/\rho}$ 给出.

2.8 实例：侧窗抖振

我们许多人都很熟悉当快速行驶的汽车后窗打开时所发出的噪声. 这种声音很烦人，让人苦不堪言. 为了减轻痛苦，人们会打开更多的窗户或关闭所有的窗户. 当然，加速或减速有时也会有所帮助. 这种侧窗抖振在新的、更紧凑的、更符合空气动力学的汽车中比在旧的、不太紧凑的、不太符合空气动力学的汽车中更为明显.

开着一扇窗的汽车实际就是一个大号的亥姆霍兹共振器（Helmholtz resonator）. 当赫尔曼·冯·亥姆霍兹（Hermann von Helmholtz，1821—1894）在 1885 年描述它们的特性时，他未曾想过有一天人类会爬进这些共振器的大型自驱动版本中. 亥姆霍兹制作的共振器是体积为 V 的手持玻璃或金属空腔，通常为球状（但形状并不重要），有一个面积为 A 的小开口. 亥姆霍兹选择 A 和 V 的值，使空腔内的空气与特定的频率 ω 共振. 在面积为 A 的开口对面的一侧，他增加了一个突出的、开口更小的孔，可以插进耳朵里. 亥姆霍兹正是用这套共振器来隔离和倾听"风的呼啸声、马车轮子的嘎嘎声、水的飞溅声"所发出的特定频率[12]. 当你对着空啤酒瓶的瓶口吹气时会听到低沉的声音，一个意想不到的亥姆霍兹共振器就这样被调节出来了.

开窗面积为 A 的汽车的共振频率 ω 由车厢容积 V、空气质量密度 ρ 和空气压强 p 决定. 毕竟是车内的空气在振动，所以空气的状态完全由其体积 V、质量密度 ρ 和压强 p 决定. 这些符号及其描述以及量纲公式列在表 2.8 中.

表 2.8

符号	描述	量纲公式
ω	频率	T^{-1}
A	开窗面积	L^2
V	共振器体积	L^3
ρ	空气密度	ML^{-3}
p	空气压强	$ML^{-1}T^{-2}$

对于这 5 个物理量（ω、A、V、ρ、p）和 3 个强制量纲（M、L 和 T），我们希望找到 2（$= 5 - 3$）个无量纲积，它们通过一个待定的函数来建立关系. 假设无量纲积的形式为 $\omega A^\alpha V^\beta \rho^\gamma p^\delta$，其量纲公式如下：

$$[\omega A^\alpha V^\beta \rho^\gamma p^\delta] = T^{-1}(L^2)^\alpha (L^3)^\beta (ML^{-3})^\gamma (ML^{-1}T^{-2})^\delta$$
$$= T^{-1-2\delta} L^{2\alpha+3\beta-3\gamma-\delta} M^{\gamma+\delta} \qquad (2.14)$$

若 $\omega A^\alpha V^\beta \rho^\gamma p^\delta$ 是无量纲的，则 4 个指数 α、β、γ 和 δ 满足以下三个约束条件

$$L : -1 - 2\delta = 0 \qquad (2.15a)$$
$$T : 2\alpha + 3\beta - 3\gamma - \delta = 0 \qquad (2.15b)$$

和

$$M : \gamma + \delta = 0 \qquad (2.15c)$$

它们的解是 $\beta = 1/3 - 2\alpha/3$，$\gamma = 1/2$ 和 $\delta = -1/2$，于是得到无量纲积

$$\omega V^{1/3} (\rho/p)^{1/2} (A/V^{2/3})^\alpha$$

其中，α 是任意的. 因此，

$$\omega = \frac{1}{V^{1/3}} \sqrt{\frac{p}{\rho}} \cdot f\left(\frac{A}{V^{2/3}}\right) \qquad (2.16)$$

其中，$f(x)$ 是一个待定的函数.

根据式（2.16），共振频率 ω 与 $\sqrt{p/\rho}$ 成正比，而 $\sqrt{p/\rho}$ 本身又与空气中的声速成正比. 形状相同但大小不同（即虽然 $A/V^{2/3}$ 同比，但体积 V 不同）的共振器满足 $\omega \propto 1/V^{1/3}$.

另外，我们还知道 $A/V^{2/3}$ 在典型的亥姆霍兹共振器中非常小. 而汽车车厢的尺寸 $V^{1/3}$ 要比开窗的尺寸 $A^{1/2}$ 大得多. 当 $A/V^{2/3} \ll 1$ 时，

式（2.16）可由下式中的幂律近似

$$\omega = \frac{C}{V^{1/3}}\sqrt{\frac{p}{\rho}} \cdot \left(\frac{A}{V^{2/3}}\right)^n \tag{2.17}$$

其中，C 和 n 是待定的数. 亥姆霍兹确定了 $n = 1/4$，在这种情况下，式（2.17）转化为

$$\omega = C \cdot \frac{A^{1/4}}{V^{1/2}}\sqrt{\frac{p}{\rho}} \tag{2.18}$$

2.9 实例：两体轨道

月球绕地球运行，地球又绕太阳运行，双星系统中的星体彼此环绕. 这些系统中的每一个双星系统都包含两个物体，一个质量是 m_1，另一个质量是 m_2，彼此间的距离是 r. 它们之间的引力使系统中的每个物体分别围绕其连线上的共同质心轨道运行. 这种运动的周期是 Δt，经过一个周期后，质量大的物体回到它们的最初始位置和速度. 因此，由 4 个量纲变量 Δt、r、m_1 和 m_2，以及 1 个量纲常数 G 就足以表征这样的两体引力束缚系统. 它们的符号、描述和量纲公式列在表 2.9 中.

表 2.9

符号	描述	量纲公式
Δt	周期	T
r	特征距离	L
m_1	质量 1	M
m_2	质量 2	M
G	引力常数	$M^{-1}L^3T^{-2}$

由这 5 个物理量、3 个强制量纲和两个独立而完整的无量纲积就可以刻画出一个非平衡动力系统. 实践表明，转换思维方式，放弃瑞利算法，可以更快地识别这些无量纲积. 当然，如果不考虑计算效率的话，瑞利算法总是有效的，并具有方法清晰的优点.

由于 $\Delta t r^\alpha m_1^\beta m_2^\gamma G^\delta$ 是无量纲的，则

$$\left[\Delta t r^{\alpha} m_1^{\beta} m_2^{\gamma} G^{\delta}\right] = TL^{\alpha} M^{\beta+\gamma} (M^{-1}L^3T^{-2})^{\delta}$$

$$= T^{1-2\delta} L^{\alpha+3\delta} M^{\beta+\gamma-\delta} \tag{2.19}$$

且满足

$$T: 1 - 2\delta = 0 \tag{2.20a}$$

$$L: \alpha + 3\delta = 0 \tag{2.20b}$$

和

$$M: \beta + \gamma - \delta = 0 \tag{2.20c}$$

这些约束条件的解是 $\alpha = -3/2$、$\gamma = 1/2 - \beta$ 和 $\delta = 1/2$，所以

$$\Delta t r^{\alpha} m_1^{\beta} m_2^{\gamma} G^{\delta} = \frac{\Delta t m_2^{1/2} G^{1/2}}{r^{3/2}} \left(\frac{m_1}{m_2}\right)^{\beta} \tag{2.21}$$

其中，β 是任意的. 因此，两个独立的无量纲积是 $\Delta t^2 m_2 G/r^3$ 和 m_1/m_2. 它们之间建立的联系见下式

$$\Delta t^2 = \frac{r^3}{m_2 G} \cdot f\left(\frac{m_1}{m_2}\right) \tag{2.22}$$

其中，$f(x)$ 是待定的函数. 这个结果描述了开普勒第三定律，即 $\Delta t^2 \propto r^3$，其中 r 与行星绕太阳椭圆轨道的半长轴成正比. 这是量纲分析本身呈现出来的.

　　考虑对称性，将 m_1 与 m_2 相互替换，保持式（2.22）不变. 于是，有

$$\frac{1}{m_2} f\left(\frac{m_1}{m_2}\right) = \frac{1}{m_1} \cdot f\left(\frac{m_2}{m_1}\right) \tag{2.23}$$

或等价地，有

$$f(x) = \frac{1}{x} \cdot f\left(\frac{1}{x}\right) \tag{2.24}$$

其中，x 是任意正的无量纲数. 式（2.24）是一个函数方程（也叫泛函方程），其在定义域 $x > 0$ 上的一个解是 $f(x) = C/(1+x)$，其中 C 是一个待定的无量纲数. 基于牛顿第二定律的分析得出 $f(x) = 4\pi^2/(1+x)$，因此

$$\Delta t^2 = \left[\frac{4\pi^2}{G(m_1 + m_2)}\right] r^3 \tag{2.25}$$

基本概念

在量纲公式中，用于表示物理量的量纲并不是绝对的，它是会随着所采用的模型的改变而变化的. 这些相对量纲或强制量纲编码使定义的模型更为理想化和简化. 有效量纲数目是表示物理量的强制量纲或强制量纲组合的最小数目. 当 N_D 是有效量纲的数目时，总是遵守经验法则 $N_P = N_V - N_D$.

2.10 习题

2.1 引力常数. 用牛顿引力定律 $F = Gm_1m_2/r^2$ 确定引力常数 G 的量纲公式，并用 M、L 和 T 表示.

2.2 内部压力. 非旋转、自引力的球形物体的质量密度是 ρ，半径是 r. ［下面的（a）和（b）要用到习题 2.1 中的结果.］

（a）利用瑞利算法证明：$P_0 = C \cdot G\rho^2 R^2$，其中 P_0 是球体中心的压力，C 是待定的无量纲常数；

（b）确定距离球体中心 r 处的压力 $P(r)$ 的表达式.

2.3 引力不稳定性. 质量密度为 ρ 且半径为 r 的自引力球形物体以角频率 ω 旋转. 确定球体开始破裂时的临界频率 ω^* 是如何依赖于 ρ、r 和 G 的[13]。

2.4 逃逸速度. 确定从行星逃逸的物体所需的速率 v 是如何依赖于行星的质量 M 和半径 R 的（见图 2.2）.

2.5 横向波形. 一根单位长度质量为 ρ 的长电线紧紧地固定在两根柱子之间. 其张力 τ 在整个过程中基本上是均匀的. 拨动电线的一端，产生的横向波形传播如图 2.3 所示. 根据 τ

图 2.2 逃逸速度

和 ρ 确定波形传播速率 v 的表达式.

2.6 理想流体中的阻力. 半径为 r 的球体以速率 v 穿过质量密度为 ρ 的流体. 假设流体仅仅只是被球体推开，没有以任何方式附着在球体上.

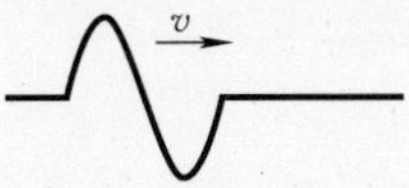

（a）阻力 F_D 是如何依赖于这些变量来阻止这个运动的?

（b）假设球体在流体中以终极速率下落. 考虑到阻力 F_D 完全平衡了球体的重力 mg，确定终极速率 v 是如何依赖于 mg、ρ 和 r 的.

图 2.3　横向波形

2.7　自由振动. 质量为 m、长度为 l、体积模量为 K 的物体以自然（非强迫）频率 ω 振动. 用 m、l 和 K 表示 ω.

2.8　肥皂泡. 半径为 r、表面张力为 σ 的球形肥皂泡内的气压比气泡外的气压大 Δp. 由于肥皂泡处于平衡状态，因此力的量纲 F 是独立于 M、L 和 T 的强制量纲.

（a）Δp 与气泡的 r 和表面张力 σ 有怎样的关系? 你可能会得到与直觉相违背的结果 $\Delta p \propto r^{-1}$.

（b）确定 N_V、N_D 和 N_P，并证明：$N_P = N_V - N_D$.

2.9　冲击波. 能量 E 在靠近地球表面的一点迅速释放. 爆炸在时间 t 内产生半径为 R 的半球形冲击波，并在密度为 ρ 的空气中传播. 确定 R 是如何依赖于时间 t、密度 ρ 和能量 E 的[14].

第3章

流体动力学

3.1　流体变量

　　流体是一种连续分布的物质,可以用质量密度 ρ、速率 v 和一点处的压力 P(当各向同性或非定向时)进行表征. 一般来说,这些基本的运动学描述 ρ、v 和 P 可能会因作用点而异. 这里我们只考虑质量密度 ρ 是常数的不可压缩流体. 水是最常见的不可压缩流体.

　　如本章后面所述,流体的相邻部分可以相互移动,并通过非均匀压力 P、黏度 μ 和表面张力 σ 产生的力相互推动、拉动和加速. 重力也在起作用,它通过将流体的各个部分向下拉向地球的中心来拉直流体的自由表面.

　　质量密度 ρ、速率 v、压力 P、黏度 μ、表面张力 σ 和重力加速度 g 通过运动方程建立联系. 由于它们的许多应用都已被仔细地研究过,所以,这里我们所关注的是量纲一致性施加给进入这些方程中的物理量的约束.

3.2　实例:水波

　　水是一种相对致密的流体,其自由表面在池塘或湖泊上是平坦的,至少在表面处于平衡状态时是这样的. 当表面受到干扰时,重力将水拉回到平面,水越过其平衡位置时,会干扰邻近区域并产生干扰传播. 图3.1 说明了水波扰动的变量:波长 λ、波的振幅(简称波幅）a、水深 d 和传播速率 v.

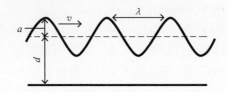

图 3.1　不可压缩流体的自由表面上的波干扰的变化.

由于回复力是引力，所以流体质量密度 ρ 和重力加速度 g 也起作用. 那么波速 v 是如何依赖于 λ、a、d、ρ 和 g 的？

这 6 个物理量和它们的描述及其量纲公式列在表 3.1 中. 由于我们用 3 个强制量纲 M、L 和 T 来表示它们的量纲公式，所以瑞利算法应该产生 3 个无量纲积. 对表 3.1 核查发现，它们分别为 $v/\sqrt{g\lambda}$、λ/d 和 a/d，或 $v/\sqrt{g\lambda}$、$v/\sqrt{gd}$ 和 $v/\sqrt{ga}$. 注意到质量密度 ρ 不能也不会出现在这些无量纲积中. 量纲分析止步于此.

表　3.1

符号	描述	量纲公式
v	波速	LT^{-1}
λ	波长	L
a	波幅	L
d	液体深度	L
ρ	质量密度	ML^{-3}
g	重力加速度	LT^{-2}

我们借助于波的理论的近似值和水波的性质做更进一步的分析. 特别地，我们将分析局限于小振幅波，其波幅 a 与波长 λ 和水深 d 相比是微不足道的. 当然这种近似对撞击海滩的波浪是无效的，但在其他情况下效果良好. 当波幅 a 在分析中消除后，只剩下可以用 3 个强制量纲 M、L 和 T 表示的 5 个物理量 v、λ、g、ρ 和 d. 无量纲积还剩下 2（ =5 − 3 ）个，分别是 $v/\sqrt{g\lambda}$ 和 λ/d，它们之间的关系如下：

$$v = \sqrt{g\lambda} \cdot f\left(\frac{\lambda}{d}\right) \tag{3.1}$$

其中，$f(x)$是待定的函数. 式（3.1）告诉我们，小振幅水波的速率 v 与重力加速度 g 的平方根成正比.

深水波（$d \gg \lambda$）和浅水波（$d \ll \lambda$）的极限情况会产生更进一步的分析. 在这两种情况下，式（3.1）退化为渐近形式，假设这种渐近形式是一种幂律形式，则式（3.1）变为如下形式：

$$v = C \cdot \sqrt{g\lambda} \cdot \left(\frac{\lambda}{d} \right)^n \qquad (3.2)$$

其中，C 和 n 是待定的，并且在 $\lambda/d \ll 1$ 和 $\lambda/d \gg 1$ 这两种情况下可能是不同的.

海洋表面的深水波似乎与海洋的深度无关，所以在这个极限中 $n = 0$，且深水波的速率是

$$v = C \cdot \sqrt{g\lambda} \qquad (3.3)$$

因此，波长越长，深海海浪的传播速率就越快. 我们可能亲眼看见过这一现象，或在长波涌浪的影片中观察到过这种现象，这种现象在涌浪表面经过并超越较短波长的波的情况下进行. 进一步的分析显示，在这种情况下，$C = 1/\sqrt{2\pi}$.

$d \ll \lambda$ 的浅水海浪，被称为海啸（tsunamis），在日语中是"港口波"的意思. 当大量的海水迅速偏离平衡状态时（例如，地震、水下滑坡或小行星撞击）就会引发海啸，其波长可达 1000km. 另一种分析和观察表明，海啸的速率与波长无关. 在这种情况下，$n = -1/2$，且

$$v = C' \cdot \sqrt{gd} \qquad (3.4)$$

已经证明 $C' = 1/\sqrt{2}$. 2004 年发生的那场毁灭性海啸的速率高达 1000km/h.

3.3 表面张力

使液体表面在小范围内恢复平衡的力是表面张力而不是重力. 表面张力源于单个液体分子对附近分子的吸引力. 在液体的内部，单个分子被无差别地向各个方向拉动，净吸引力就消失了. 而这些吸引力

将液体自由表面上的分子向内拉向流体的主体. 正是由于这个原因, 在重力的主导作用下, 大体积的液体表面是平坦的, 而在表面张力的主导作用下, 小滴液体则是球形的.

液体表面张力通过量纲值 σ 进行描述, 它被定义为液体表面短线一侧的分子对该线另一侧的相邻分子施加的净力 f 除以该线的长度 l. 因此, $\sigma = f/l$, 其量纲是 $[\sigma] = FL^{-1}$ 还是 $[\sigma] = MT^{-2}$ 取决于这些力是否平衡.

毛细波

毛细波 (也叫表面张力波) 是以表面张力为主要回复力的小表面波或波纹. 假设液体无限深, 毛细波的振幅很小, 对其行为不起任何作用. 其波速 v 仅依赖于波长 λ、表面张力 σ、重力加速度 g, 以及有可能的液体质量密度 ρ. 这 5 个物理量的符号及其描述和量纲公式见表 3.2.

表 3.2

符号	描述	量纲公式
v	波速	LT^{-1}
λ	波长	L
σ	表面张力	MT^{-2}
g	重力加速度	LT^{-2}
ρ	质量密度	ML^{-3}

这 5 个物理量的量纲公式可以用 3 个强制量纲 M、L 和 T 表示, 所以它们会形成 2 ($= 5 - 3$) 个独立的无量纲积, 并具有如下形式:

$$[v\lambda^{\alpha}\sigma^{\beta}g^{\gamma}\rho^{\delta}] = (LT^{-1})L^{\alpha}(MT^{-2})^{\beta}(LT^{-2})^{\gamma}(ML^{-3})^{\delta}$$
$$= L^{1+\alpha+\gamma-3\delta}T^{-1-2\beta-2\gamma}M^{\beta+\delta} \qquad (3.5)$$

指数 α、β、γ 和 δ 满足以下约束条件

$$L: 1 + \alpha + \gamma - 3\delta = 0 \qquad (3.6a)$$
$$T: -1 - 2\beta - 2\gamma = 0 \qquad (3.6b)$$

和

$$M: \beta + \delta = 0 \qquad (3.6c)$$

式（3.6a）～式（3.6c）的解是 $\beta = -1/4 - \alpha/2$，$\gamma = -1/4 + \alpha/2$ 和 $\delta = 1/4 + \alpha/2$，所以两个无量纲积分别是 $v[\rho/(\sigma g)]^{1/4}$ 和 $\lambda(g\rho/\sigma)^{1/2}$．将第一个无量纲积乘以第二个无量纲积的平方根，得到 $v(\lambda\rho/\sigma)^{1/2}$．这个无量纲积和 $\lambda(g\rho/\sigma)^{1/2}$ 构成一个独立对．用这种方式，我们发现波速是

$$v = \sqrt{\frac{\sigma}{\lambda\rho}} \cdot f\left(\lambda\sqrt{\frac{g\rho}{\sigma}}\right) \tag{3.7}$$

其中，$f(x)$ 无法由我们的分析确定．

函数 $f(x)$ 的无量纲参数 $\lambda\sqrt{g\rho/\sigma}$ 的大小决定了是重力还是表面张力占优势．当重力占优，即 $\lambda\sqrt{g\rho/\sigma} >> 1$ 时，一定满足 $f(\lambda\sqrt{g\rho/\sigma}) \to C \cdot \lambda\sqrt{g\rho/\sigma}$，以达到恢复式（3.3）中 $v = C \cdot \sqrt{\lambda g}$ 的目的，这个等式是在假设 $\sigma = 0$ 时导出的．当表面张力占优，即 $\lambda\sqrt{g\rho/\sigma} << 1$ 时，一定有 $f(\lambda\sqrt{g\rho/\sigma}) \to f(0)$，这样做的目的是让重力加速度 g 从结果中消失．在这种情况下，$v = C' \cdot \sqrt{\sigma/(\lambda\rho)}$，其中 $C' = f(0)$．当 $\lambda\sqrt{g\rho/\sigma} \approx 1$ 时，重力和表面张力都起作用．

对于水来说，区分这两种状态的差别 $\sqrt{\sigma/(g\rho)}$ 很容易计算．在 25℃ 和大气压下，水的表面张力为 $\sigma = 0.0720\text{N/m}$，密度为 $\rho = 0.997 \times 10^3\text{kg/m}^3$．取 $g = 9.8\text{m/s}^2$，我们发现 $\sqrt{\sigma/(g\rho)} = 2.7 \times 10^{-3}\text{m}$ 或 2.7mm．一般来说，纯毛细波的波长很小（$\lambda << 2.7\text{mm}$），肉眼看不见．波长为几毫米到 1cm 的可见波是毛细波和重力波的混合波．

3.4 实例：最大水滴

$\sqrt{\sigma/(g\rho)}$（2.7mm）同时也决定了最大水滴的大小．想象一下，挂在水龙头上的一滴水，慢慢积蓄，当水滴达到一定重量时，便会从水龙头上掉下来．此时，这个最大水滴的体积 V 是多少？V 显然依赖于 σ，因为没有表面张力，水滴就不会形成．在这个过程中，水的质量密度 ρ 和重力加速度 g 也必须起作用，因为只有当 ρ 和 g 都不消失时，水滴才会脱落．这些物理量的符号及描述和量纲公式列在表 3.3 中．

表　3.3

符号	描述	量纲公式
V	体积	L^3
σ	表面张力	MT^{-2}
ρ	质量密度	ML^{-3}
g	重力加速度	LT^{-2}

由于这是一个平衡问题，所以我们自然地会把力 F 强制作为一个量纲. 在这种情况下，这些物理量的符号及描述和公式列在表 3.4 中. 注意到，量纲 F 进入到了那些表示平衡力的量纲公式中.

表　3.4

符号	描述	量纲公式
V	体积	L^3
σ	表面张力	FL^{-1}
w	容重①	FL^{-3}

① 对于均质流体，指作用在单位体积上的重力.

表 3.3 和表 3.4 中的这两组变量和公式可以产生相同的无量纲积. 但用 3 个物理量比用 4 个更简便易行，我们在这里就是这样做的. 在表 3.4 中，我们不需要特殊的算法就可以发现一个无量纲积 $V(w/\sigma)^{3/2}$. 所以，给定 $w = \rho g$ 时，我们发现

$$V = C \cdot \left(\frac{\sigma}{\rho g}\right)^{3/2} \tag{3.8}$$

其中，C 是一个待定的无量纲数，$[\sigma/(\rho g)]^{3/2} = 2.0 \times 10^{-8} \, m^3$ 或 $20 mm^3$.

虽然不能用量纲分析确定式（3.8）中的数 C，但却可以由经验决定它. 观察并计算从厨房的水龙头上慢慢落下的水滴，由它们的总体积式可以得到 $C \approx 9$，这样

$$V \approx 9 \cdot \left(\frac{\sigma}{\rho g}\right)^{3/2}$$
$$\approx 180 mm^3 \tag{3.9}$$

每个水滴的质量大约是 $180 mg$，体积约为 $180 mm^3$，半径约为 5.6mm. 这些是在上述情况下所能形成的最大水滴. 当然，较小的水滴可以由

混合空气和水的喷嘴形成，而较大的水滴则可以在失重的环境下形成.

3.5 黏度

在描述不可压缩流体的物理量中，黏度 μ 可能是最不为人知的. 黏度通过内部摩擦（会减少其相邻部分的相对运动）来量化流体流动的趋势. 如果没有黏性，水中的涡流就将永远循环. 从某种程度上说，所有的流体都是黏性的，但在所有现象中，黏度并不总是那么重要.

想象一种流体被限制在两块巨大的平板之间. 一块板固定在适当的位置（简称固定板），另一块板以恒定速率水平移动（简称移动板）. 流体以每单位面积 A 的阻力 F_D 抵抗移动板的运动，阻力 F_D 与移动板的速率 v 成正比，与两个板之间的距离 y 成反比，即

$$\frac{F_D}{A} \propto \frac{v}{y} \tag{3.10}$$

动态或剪切黏度 μ 是比例常数，可以将式（3.10）转化为

$$\frac{F_D}{A} = \mu \frac{v}{y} \tag{3.11}$$

在平衡问题中，$[\mu] = ML^{-1}T^{-1}$ 或 $[\mu] = FL^{-2}T$. 在实际中，通常可以对两个间隔较近的同心圆柱之间的薄层流体进行黏度的测量，其中一个圆柱能旋转，另一个则连接到扭矩计上.

终极速率

由于黏度量化了流体抵抗物体运动的能力，因此黏度也导致了终极速率的现象. 物体在流体（如空气）中下落，它的终极速率取决于物体的重量和形状以及流体的性质，尤其是流体的黏度.

显然，物体在空气中下落得相对较快，古希腊哲学家亚里士多德（前384—前322）可能正是通过对水池中石子下落的研究而提出了他关于下落物体的观点[15]. 根据亚里士多德的说法，所有的空间都是满的，即充满了流体，无论是水还是空气，或是不那么稠密但类似于

这些流体的东西. 因此, 亚里士多德认为在水中下落与在空气中下落在结构上是类似的.

球形卵石在黏性流体中下落的终极速率的量纲分析采用了表 3.5 中的符号、描述和量纲公式. 这是一个平衡问题, 因此, 表 3.5 的第 4 列包含了作为强制量纲的 F. 无论在任何情况下, 都有 4 个物理量和 3 个强制量纲, 因此分析会产生 1 (= 4 - 3) 个无量纲积.

表　3.5

v	流体力学的终极速率	LT^{-1}	LT^{-1}
μ	黏度	$ML^{-1}T^{-1}$	$FL^{-2}T$
mg	重力	MLT^{-2}	F
r	半径	L	L

利用强制量纲 M、L 和 T, 我们发现

$$\left[v\mu^{\alpha}(mg)^{\beta}r^{\gamma} \right] = LT^{-1}(ML^{-1}T^{-1})^{\alpha}(MLT^{-2})^{\beta}L^{\gamma}$$
$$= L^{1-\alpha+\beta+\gamma}T^{-1-\alpha-2\beta}M^{\alpha+\beta} \tag{3.12}$$

其指数必须满足

$$L:1-\alpha+\beta+\gamma = 0 \tag{3.13a}$$
$$T:-1-\alpha-2\beta = 0 \tag{3.13b}$$

和

$$M:\alpha+\beta = 0 \tag{3.13c}$$

才能使 $v\mu^{\alpha}(mg)^{\beta}r^{\gamma}$ 是无量纲的. 这些约束的解是 $\alpha = 1$, $\beta = -1$ 和 $\gamma = 1$. 因此, 单个无量纲积是 $v\mu r/(mg)$, 所以

$$v = C \cdot \frac{mg}{\mu r} \tag{3.14}$$

其中, C 是一个待定的无量纲数. 实际上, 在黏性流体中, 下落物体的终极速率与物体的重力 mg 成正比, 与流体受到的阻力, 即它的黏度 μ 成反比, 正如亚里士多德对所有下落物体所宣称的那样[16].

斯托克斯定律

在终极速率下, 流体通过流体黏度作用于球形物体的阻力 F_D 平衡了物体的重力 mg. 假设式 (3.14) 已知, 则阻力为

$$F_D = C' \cdot vr\mu \tag{3.15}$$

其中，$C' = 1/C$. 式（3.15）与 $C' = 6\pi$ 的关系被称为斯托克斯定律，它是由英国数学家、科学家和工程师乔治·斯托克斯（George Stokes，1819—1903）在 1851 年发现的.

3.6 实例：水跃

很多人都在厨房的水槽中观察到过水跃. 当水从水龙头流出，撞击水槽相对平坦的底部时，它会以平滑的圆形模式展开，周围环绕着静止的波形或跳跃. 跳跃之后，水流动得更深、更粗. 这种跳跃的出现是为了保持恒定的流速，因为黏性会持续减缓水沿水槽底部的流速，图3.2 说明了这种情况.

水跃形成的径向位置 R 取决于水的质量密度 ρ 及其黏度 μ. 由于水的体积流率 $\pi r^2 v$ 也很重要，因此落水圆柱的底面半径 r 和落水圆柱的底面冲击水槽的速率 v 也是决定因素.（因为 $\pi r^2 v$ 是沿着圆柱的常数，所以随着落水速率的加快圆柱的半径就会变窄.）这些物理量的符号及其描述和量纲公式都列在表 3.6 中.

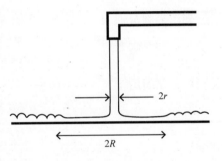

图 3.2 水跃

表 3.6

符号	描述	量纲方程
R	水跃位置	L
ρ	质量密度	ML^{-3}
μ	黏度	$ML^{-1}T^{-1}$
v	速率	LT^{-1}
r	圆柱半径	L

这里有 5 个物理量和 3 个强制量纲，根据经验法则 $N_P = N_V - N_D$，可以找到 2（$= 5 - 3$）个无量纲积. 它们的形式是 $R\rho^\alpha \mu^\beta v^\gamma r^\delta$，其量纲

公式由下式给出：

$$\left[R\rho^{\alpha}\mu^{\beta}v^{\lambda}r^{\delta}\right] = L(ML^{-3})^{\alpha}(ML^{-1}T^{-1})^{\beta}(LT^{-1})^{\gamma}L^{\delta}$$
$$= L^{1-3\alpha-\beta+\gamma+\delta}M^{\alpha+\beta}T^{-\beta-\gamma} \tag{3.16}$$

其中，指数 α、β、γ 和 δ 可由以下约束条件求出.

$$L: 1-3\alpha-\beta+\gamma+\delta = 0 \tag{3.17a}$$

$$M: \alpha+\beta = 0 \tag{3.17b}$$

$$T: -\beta-\gamma = 0 \tag{3.17c}$$

解得 $\beta = -\alpha$、$\gamma = \alpha$ 和 $\delta = -1+\alpha$. 两个无量纲积分别是 R/r 和 $r\rho v/\mu$，它们的关系由下式给出

$$\frac{R}{r} = f\left(\frac{r\rho v}{\mu}\right) \tag{3.18}$$

其中，$f(x)$ 是待定的函数.

雷诺数

无量纲比 $r\rho v/\mu$ 和 $R\rho v/\mu$ 就是雷诺数的例子，在奥斯本·雷诺兹（Osborne Reynolds，1842—1912）推广使用后被称为雷诺数. 一般说来，给定几何形状的雷诺数的大小决定了该几何形状中的流体是否受黏度支配. 当雷诺数较小时，黏性占主导地位，流体是光滑的、流线型的或是层流. 当雷诺数较大时，黏性不是很重要，并且流速较大. 分离这两种状态的临界雷诺数不一定是 1，而是取决于流体的几何结构. 当水流过一个平坦的表面时，就像它沿着水槽底部流动一样，相关的临界雷诺数 $R\rho v/\mu$ 实际上约为 5×10^{5}.

描述水槽中水流特征的数分别是 $R = 0.20\text{m}$，$r = 0.02\text{m}$，$v = 2\text{m/s}$. 假设对于水而言，$\rho = 10^{3}\text{kg/m}^{3}$，$\mu = 8.9\times 10^{-4} \cdot \text{kg/(m·s)}$，则 $R\rho v/\mu = 4.5\times 10^{5}$ 接近该几何体的临界雷诺数. 由于 $r\rho v/\mu$ 也比 1 大，所以我们用它的幂律近似来代替式（3.18）右边的 $f(r\rho v/\mu)$. 因此，

$$\frac{R}{r} = C \cdot \left(\frac{r\rho v}{\mu}\right)^{n} \tag{3.19}$$

其中，C 和 n 是待定的无量纲数.

经验可以帮助我们确定 n 的可能值. 首先，将式（3.19）重新写为如下形式：

$$R = C \cdot r^{1-n} \left(\frac{\rho r^2 v}{\mu} \right)^n \qquad (3.20)$$

观察到较大的流速 $\rho r^2 v$ 会产生较大的跳跃位置 R, 因此 $n > 0$. 还可以观察到, 在保持 $\rho r^2 v$ 的同时增加 r (就好像在源源不断的水流下方把烤盘提升起来), 会使 R 微弱地增加. 因此, $n < 1$, 并且 $0 < n < 1$. 根据有实验支撑的模型, $n = 1/3$[17]. 在这种情况下, 式 (3.20) 变成

$$R = C \cdot r \left(\frac{\rho r v}{\mu} \right)^{1/3} \qquad (3.21)$$

根据以上数据发现, 对于水槽和水龙头来说, $C \approx 0.25$.

3.7 实例: 平衡管流

如图 3.3 所示, 考虑不可压缩流体的平衡流动, 要从左到右经过长度为 l、均匀横截面面积为 A、流量为 Q 的水平直管. Q/A 是横截面上的平均流速 v, 因此, $Q = vA$. 所谓平衡流, 指的是流体各部分上的净力 (即各流体单元上的净力) 消失的流体. 因此, 每个流体单元的速率是恒定的.

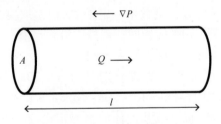

图 3.3　管道流量变量

考虑到与管壁的相互作用以及流体黏度 μ 的延缓作用, 必须要有一个从左向右推动流体的力, 才能使其保持恒定速率运动. 该力通过与流动方向相反的压力梯度 ∇P 维持, 即从右到左. 因此, 当流体从左向右通过管长 l 时, 其压力会下降一个增量 $l \nabla P$. 流量 Q 是如何依赖于横截面面积 A、压力梯度 ∇P、流体黏度 μ 和流体质量密度 ρ 的?

由于这是一个平衡问题，量纲 F 是一个与 M、L 和 T 无关的强制量纲. 通常情况下，量纲 F 只进入那些表示平衡力的量纲公式. 特别地，$[\nabla P] = FL^{-3}$ 和 $[\mu] = FL^{-2}T$.

请注意，像我们在这里所做的那样，强制量纲 F 在数学上不同于使用关系 $[F] = [M][a]$ 及其结果 $F = MLT^{-2}$ 来消除量纲 M，L 或 T 中的一个，而不是 F. 前者将解限制为使每个流体单元上的净力消失的解. 在这种情况下，力与质量乘以加速度无关. 后者通过采用等效的 $F = MLT^{-2}$ 来运用牛顿第二定律 $F = ma$.

这些物理量及其描述和量纲公式列在表 3.7 中. 因为有 5 个物理量（Q、∇P、μ、ρ 和 A）和 4 个强制量纲（M、L、T 和 F），所以应该有 1 个无量纲积. 表 3.7 显示，量纲 M 仅出现一次，所以质量密度 ρ 不能进入该无量纲积中.

表　3.7

符号	描述	量纲公式
Q	流量	$L^3 T^{-1}$
∇P	压力梯度	FL^{-3}
μ	黏度	$FL^{-2}T$
ρ	质量密度	ML^{-3}
A	横截面面积	L^2

假设无量纲积的形式是 $Q(\nabla P)^\alpha \mu^\beta A^\gamma$，指数 α、β 和 γ 使得下式等于 1.

$$[Q(\nabla P)^\alpha \mu^\beta A^\gamma] = L^3 T^{-1}(FL^{-3})^\alpha(FL^{-2}T)^\beta(L^2)^\gamma$$

$$= L^{3-3\alpha-2\beta+2\gamma}T^{-1+\beta}F^{\alpha+\beta} \qquad (3.22)$$

式（3.22）满足以下约束条件.

$$\text{L}: 3 - 3\alpha - 2\beta + 2\gamma = 0 \qquad (3.23a)$$

$$\text{T}: -1 + \beta = 0 \qquad (3.23b)$$

$$\text{F：} \alpha + \beta = 0 \qquad\qquad (3.23c)$$

解得 $\alpha = -1$、$\beta = 1$ 和 $\gamma = -2$. 因此，单个无量纲积是 $Q\mu/(A^2 \nabla P)$，所以

$$Q = C \cdot \frac{A^2 \nabla P}{\mu} \qquad\qquad (3.24)$$

其中，C 是待定的. 故流量 Q 随横截面面积 A 的增大而增大，随压力梯度 ∇P 的增大而增大，随黏度 μ 的增大而减小.

3.8 实例：非平衡管流

如果允许部分流体加速，则表 3.7 中的 F 就不再是一个合适的强制量纲，应该用 MLT^{-2} 来替换，替代结果见表 3.8. 现在只能用 3 个强制量纲来表示原先的 5 个物理量，利用瑞利算法可以生成 2 个无量纲积，其中 $Q\mu/(A^2 \nabla P)$ 是已确定的.

无量纲积的形式采用 $Q(\nabla P)^\alpha \mu^\beta \rho^\gamma A^\delta$，要使以下量纲公式等于 1，

$$[Q(\nabla P)^\alpha \mu^\beta \rho^\gamma A^\delta] = L^3 T^{-1} (ML^{-2}T^{-2})^\alpha (ML^{-1}T^{-1})^\beta (ML^{-3})^\gamma (L^2)^\delta$$
$$= L^{3-2\alpha-\beta-3\gamma+2\delta} T^{-1-2\alpha-\beta} M^{\alpha+\beta+\gamma} \qquad (3.25)$$

其中的指数必须满足以下约束条件.

$$\text{L：} 3 - 2\alpha - \beta - 3\gamma + 2\delta = 0 \qquad\qquad (3.26a)$$

$$\text{T：} -1 - 2\alpha - \beta = 0 \qquad\qquad (3.26b)$$

和

$$\text{F：} \alpha + \beta + \gamma = 0 \qquad\qquad (3.26c)$$

解得 $\beta = -1 - 2\alpha$、$\gamma = 1 + \alpha$ 和 $\delta = -1/2 + 3\alpha/2$，两个无量纲积分别是 $Q\rho/(\mu A^{1/2})$ 和 $\rho A^{3/2} \nabla P/\mu^2$. 将第一个无量纲积与第二个的倒数相乘得到无量纲积 $Q\mu/(A^2 \nabla P)$，根据 3.7 节，它描述了直管中的平衡流动. 这个无量纲积与 $Q\rho/(\mu A^{1/2})$ 的关系如下：

$$Q = \frac{A^2 \nabla P}{\mu} \cdot f\left(\frac{Q\rho}{\mu A^{1/2}}\right) \qquad\qquad (3.27)$$

其中，函数 $f(x)$ 是待定函数，它描述了直管中的非平衡流动.

表 3.8

符号	描述	量纲公式
Q	流量	$L^3 T^{-1}$
∇P	压力梯度	$ML^{-2}T^{-2}$
μ	黏度	$ML^{-1}T^{-1}$
ρ	质量密度	ML^{-3}
A	横截面面积	L^2

由于 $Q = Av$，故参数 $Q\rho/(\mu A^{1/2})$ 是该流体的雷诺数 $v\rho A^{1/2}/\mu$. 从非平衡流式（3.27）恢复平衡流式（3.24）的方法是，使流体质量密度 ρ 与 $\mu A^{1/2}/Q$ 相比要足够小，或等效地，使黏度 μ 与 $Q\rho/A^{1/2}$ 相比足够大. 这种运动相当于用低雷诺数渐近值 $f(0)$ 替换函数 $f(Q\rho/(\mu A^{1/2}))$，从而产生具有 $C = f(0)$ 的式（3.24）. 显然雷诺数等于 0，意味着流体以恒定速率沿管运动.

一般结果，即式（3.27）也具有高雷诺数、渐近极限，描述完全发展的湍流，其中黏度 μ 与 $Q\rho/A^{1/2}$ 相比可以忽略不计. 为了完全消去式（3.27）中的黏度，必须满足当 $x \gg 1$ 时，$f(x) \to C'/x$. 因此，这个完全发展的湍流的极限是 $Q \to C' \cdot A^{5/2}\nabla P/(Q\rho)$，或等价地，

$$Q = C'' \cdot \left(\frac{\nabla p}{\rho}\right)^{1/2} A^{5/4} \tag{3.28}$$

其中，$C'' = \sqrt{C'}$.

3.9 比例模型

量纲分析的结果通常是一个无量纲积等于另一个未知函数. 式（3.27）中，变量之间的关系描述了管道流体的任意雷诺数就是这样的一个例子.

$$\frac{Q\mu}{A^2 \nabla P} = f\left(\frac{Q\rho}{\mu A^{1/2}}\right) \tag{3.29}$$

假设我们的工作是设计一个横截面面积为 A、长度为 l 的大管道来输送机油. 我们想在一个小规模的管道上测试我们的设计. 但用相同长宽比 $A^{1/2}/l$ 的较小管道泵来输送机油还是不够的. 当按比例减小 $A^{1/2}$ 和 l 时, 虽然保持了管道的几何形状, 但这样做并不能保持该流体的雷诺数 $Q\rho/(\mu A^{1/2})$, 因为雷诺数决定的是该流体是层流还是湍流. 事实上, 保留几何相似性根本没有必要. 相反, 在这种情况下, 需要保留的是动态相似性.

一种保持动态相似性的方法是, 在比例模型中使两个无量纲积的值 $Q\mu/(A^2 \nabla P)$ 和 $Q\rho/(\mu A^{1/2})$ 与完整设计的管道中的值相同. 我们通过改变比例模型中的压力梯度 ∇P, 测量产生的流量 Q (其他量不变), 即通过确定函数 $f(x)$ 来确定比例模型中 $Q\mu/(A^2 \nabla P)$ 和 $Q\rho/(\mu \sqrt{A})$ 的关系. 然后选择比例模型中的压力梯度 ∇P, 使比例模型和完整设计的管道中的两个无量纲积相同. 汽车、轮船、飞机以及管道都是这样设计的.

然而, 比例模型也不能偏离完整设计中所包含的物理学. 例如, 如果管道的比例模型太小, 则表面张力会变得显著, 从而使式 (3.29) 中的比例失效.

基本概念

不可压缩流体的量纲模型引入了质量密度 ρ、流速 v、压力 P 以及表面张力 σ 和黏度 μ 等量纲变量. 雷诺数是一个无量纲积, 当它相对较小时会产生层流; 当它相对较大时, 会产生湍流.

3.10 习题

3.1 **毛细波.** 在 3.2 节和 3.3 节的背景下, 使用瑞利算法证明: 在质量密度为 ρ、表面张力为 σ 的可压缩流体中, 波长为 λ 的毛细波的波速是 $v = C \cdot \sqrt{\sigma/(\lambda\rho)}$, 其中 C 是一个待定的无量纲数.

3.2 **水滴振荡.** 使用瑞利算法或不太正式的量纲参数, 确定自由落体中不可压缩流体中的小水滴的振荡频率 ω 是如何取决于水滴的体积 V、质量密度 ρ 及其表面张力 σ 的.

3.3　毛细管效应. 如图 3.4 所示，当直径很小，且两端开口的管插入水中时，管中的水面会上升一定的高度 h. 这一高度取决于管的直径 d、水的表面张力 σ、水的质量密度 ρ 和重力加速度 g，找出这

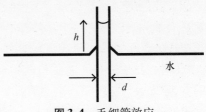

图 3.4　毛细管效应

些量纲中所隐含的 2 个无量纲积，并把它们转化为 h 的表达式.

3.4　终极速率. 我们曾在 3.6 节中就黏度控制终极速率的问题展开过讨论. 找出重力大小为 mg，尺寸为 r 的物体在黏度为 μ 的流体中下降并达到终极速率所需的时间 t 这一量纲的表达式.

3.5　黏性反弹. 当勺子被放入糖蜜罐并取出时，糖蜜恢复到原来平衡状态的时间间隔是 Δt. （a）求出两个无量纲积 π_1 和 π_2；（b）用其他物理量表示 Δt.

3.6　提升. 确定岩石质量 m 的量纲的表达式，其质量密度为 ρ，该岩石可从河床底部提升并向下游移动，这条河流的流速是 v.

3.7　无量纲积. 由 3.1 节可知，质量密度 ρ、速率 v、压力 P、黏度 μ、表面张力 σ 和重力加速度 g 是流体动力学的基本量纲描述符号. 假设这 6 个物理量可以用 M、L 和 T 这三个量纲表示，请找出三个独立的无量纲积 π_1、π_2 和 π_3.

第4章

温度和热

4.1 传热

约瑟夫·布莱克（Joseph Black）在1760年左右对热容和潜热的早期研究有效地理顺了温度和热的概念. 例如, 布莱克（Black, 1728—1799）注意到沸水在不改变温度的情况下还会吸收热量. 显然, 当两个温度不相等的物体处于热接触状态时, 温度的作用是决定传热方向和传热速率. 此外, 人们认为热量在从一个地方移动到另一个地方的同时保持着热量守恒.

直到19世纪40年代, 人们仍然把热理解为一个固有的守恒量. 之后, 詹姆斯·焦耳（James Joule, 1818—1889）在一系列越来越精确的实验中, 通过做功的消耗, 开始产生这种所谓守恒的可预测的热量. 通过这种方法, 焦耳对热有了新的认识, 即热只是向系统传递能量的一种方式. 能量转移的另一种方式是在系统上或由系统完成的功. 1850年, 鲁道夫·克劳修斯（Rudolph Clausius, 1822—1888）将这种对热和功的理解, 以及萨迪·卡诺（Sadi Carnot）早些时候（1826）对热机性能的普遍定律的阐述, 统一表述为新的学科——热力学的第一和第二定律.

热力学是一种理论, 它在为已知事实提供新的基础的同时, 也在某些特殊限制条件下保留了旧解释的有效性. 其中一个限制是, 在系统不做功或系统不被做功的前提下, 热量可以从一个地方移动到另一个地方，就好像它是一个守恒量. 在这个限制下，用"热"这个词来表示"不做功时传递的能量"是允许的，而且通常很方便. 这样的限制很容易被认知，而且有丰富的现象.

对热量保持其作为独立的、守恒的状态的限制是传热所要讨论的内容. 在这种情况下，有人进行了量热实验，有时测量热容.（量热法针对的是传统的热量单位——卡路里）. 有趣的是，约瑟夫·傅里叶（Joseph Fourier，1768—1830）在同一篇论文《热分析理论》（1822）中首次提出了与传热有关的数学方法，他在文中阐述了量纲一致性原理.

4.2 温度和热量的量纲

传热物理学需要两个量纲，温度 Θ 和热 H，而这早已超越了非平衡动力学的特征. 因此，例如，

$$[c_p] = H\Theta^{-1}M^{-1} \tag{4.1}$$

c_p 是质量定压热容. 我们依赖上下文及正斜体来区分传统符号温度 T 和量纲时间 T. 因此，$[T] = \Theta$，同时，如果速度为 v，则 $[v] = LT^{-1}$.

当功被耗散到热力系统的内部能量中或从热力系统的内部能量中产生时，必然要用到热力学第一定律. 然后热的量纲 H 失去独立性，应该替换为能量的量纲 ML^2T^{-2}. 然而，当一个系统不做功或不被系统做功时，热的量纲 H 是一个合适的强制量纲，正如一个力学系统的任何部分都没有被加速时，力的量纲 F 也是一个合适的强制量纲一样.

偶尔，人们读取变量温度时不需要自己的温度量纲 Θ，因为温度总是可以用能量单位的量纲公式 ML^2T^{-2} 来测量. 本章 4.4 节、4.7 节和 4.8 节中的三个例子正是这一论断的反例. 5.7 节、6.2 节、6.3 节和 6.6 节中介绍了可以用能量单位测量温度的状态和过程.

4.3 传导与对流

当一些原子和分子的能量被传递给附近的其他原子和分子时，热传导就完成了. 固体、液体、气体和等离子体都能传导热量. 导热系数是表征一种特殊材料导热能力的量纲常数. 一般来说，导热系数会随材料性质的变化而逐点变化，甚至会随时间的变化而变化.

材料在某一点导热的程度与该点的温度梯度成正比，它的一维表述是

$$q \propto -\frac{\partial T}{\partial x} \tag{4.2}$$

式中，q 为单位面积内热量流过某一点的热通量或速率；T 为温度，$\partial T/\partial x$ 是温度梯度的 x 分量. 式 (4.2) 中的负号保证了热通量始终与温度梯度相反的方向，即始终从热到冷. 导热系数 k 是将式 (4.2) 转化为等式的比例常数，因此，

$$q = -k\frac{\partial T}{\partial x} \tag{4.3}$$

控制热量的传导.

当流体凭借其体积运动将其内部能量从一个地方带到另一个地方时，就会发生对流. 可以通过设计，使对流在加热和冷却系统中发生，也可以使其自然地发生，如在天气模式中.

4.4 实例：烹饪火鸡

美国人每年在感恩节要吃掉 5000 万只火鸡. 与饲养大小一致的鸡不同的是，火鸡的质量大小有一个数量级上的变化. 野生火鸡的质量只有 3.0kg，而家养火鸡的质量则高达 36kg. 杂货店里火鸡的质量通常在 4.5～11kg. 所以问题就来了，"烹饪火鸡时，我们应该用多长时间呢？"去年，我们的火鸡质量为 9kg，在 4h 后成为美味. 今年我们有一只质量为 6kg 的火鸡，那么它的烹饪时间应该是多少呢？"

有哪些物理量会影响火鸡的烹饪时间 Δt 呢？当然是与火鸡的质

量 m、火鸡的初始温度 T_0 和烤箱设定的温度 T_{oven}（$>T_0$）之间的温差 ΔT（$= T_{oven} - T_0$）有关. 由于火鸡的导热系数 k 决定了温差如何导致热流, 所以 k 也应该会对烹饪时间有影响. 所以火鸡在恒压下的质量定压热容 c_p 和质量密度 ρ 也应该如此. 这些参数似乎足够了, 其符号、描述和量纲公式见表 4.1. 注意, 热的强制量纲 H 出现在量化热传导的量纲公式中.

表 4.1

符 号	描 述	量 纲 公 式
Δt	烹饪时间	T
m	火鸡的质量	M
ΔT	温度差	Θ
k	导热系数	$HT^{-1}L^{-1}\Theta^{-1}$
c_p	质量定压热容	$HM^{-1}\Theta^{-1}$
ρ	质量密度	ML^{-3}

由 6 个量物理量 Δt、m、ΔT、k、c_p、ρ 和 5 个强制量纲 M、L、T、H、Θ, 可以生成 1 个无量纲积. 假设这个积以指数形式 $\Delta t m^{\alpha} \Delta T^{\beta} k^{\gamma} c_p^{\delta} \rho^{\varepsilon}$ 成为无量纲的形式, 即

$$\left[\Delta t m^{\alpha} \Delta T^{\beta} k^{\gamma} c_p^{\delta} \rho^{\varepsilon} \right] = TM^{\alpha}\Theta^{\beta}(HT^{-1}L^{-1}\Theta^{-1})^{\gamma}(HM^{-1}\Theta^{-1})^{\delta}(ML^{-3})^{\varepsilon}$$
$$= T^{1-\gamma}M^{\alpha-\delta+\varepsilon}\Theta^{\beta-\gamma-\delta}H^{\gamma+\delta}L^{-\gamma-3\varepsilon} \qquad (4.4)$$

无量纲, 则 5 个指数 α、β、γ、ε、δ 满足以下约束条件

$$T : 1 - \gamma = 0 \qquad (4.5a)$$
$$M : \alpha - \delta + \varepsilon = 0 \qquad (4.5b)$$
$$\Theta : \beta - \gamma - \delta = 0 \qquad (4.5c)$$
$$H : \gamma + \delta = 0 \qquad (4.5d)$$
$$L : -\gamma - 3\varepsilon = 0 \qquad (4.5e)$$

解得 $\alpha = -2/3$, $\beta = 0$, $\gamma = 1$, $\varepsilon = -1/3$, $\delta = -1$, 得到

$$\Delta t = C \cdot \frac{m^{2/3}\rho^{1/3}c_p}{k} \qquad (4.6)$$

其中，C 是无量纲数.

注意，火鸡的初始温度和烤箱温度的温差 ΔT 并没有出现在式 (4.6) 的结果中. 如果我们把火鸡的初始温度 T_0、烤箱温度 T_{oven} 和火鸡所需的内部温度 T_{inside} 分别包含在量纲变量和常数中，来代替 ΔT ($= T_{oven} - T_0$). 我们的分析会得到

$$\Delta t = \frac{m^{2/3} \rho^{1/3} c_p}{k} \cdot g\left(\frac{T_0}{T_{oven}}, \frac{T_{inside}}{T_{oven}}\right) \tag{4.7}$$

其中，$g(x, y)$ 是由两个参数组成的待定函数.

但是式 (4.7) 忽略了其他可能的变量——尤其是那些决定形状的变量. 毕竟，一个煎饼形状的"火鸡"，其单位体积的表面积相对较大，烹饪时也应该比一个球形的火鸡更快. 但是，假设所有的火鸡形状相似，它们的初始温度相同，所有的烤箱设置相同，并且每只火鸡的烹饪都能达到杀死内部细菌的温度（74℃）. 然后根据式 (4.6) 的量级，使 $\Delta t = C \cdot \dfrac{m^{2/3} \rho^{1/3} c_p}{k}$ 就足够了，并且只需要一个基准就可以确定常数 C.

在 163℃ 下的烤箱里烤一只 9.0kg 的火鸡大约需要 4.25h. 由于不同的火鸡具有几乎相同的导热系数、比热容和质量密度，所以这些数在一起就产生了一个方便的公式：

$$\Delta t = 4.25\text{h} \cdot \left(\frac{m}{9.0\text{kg}}\right)^{2/3} \approx 1.0\text{h} \left(\frac{m}{\text{kg}}\right)^{2/3} \tag{4.8}$$

而式 (4.8) 中的比例常数，只是基于个人的经验，可能不适合所有人，但 $\Delta t \propto m^{2/3}$ 应该适用于所有厨师和火鸡.

美国农业部（United States Department of Agriculture, USDA）公布的一份烹饪时间与火鸡质量大小的对比表中似乎也包含了这种比例. 图 4.1 显示了美国农业部的数据（已转换为国际单位制），其中的误差条代表了给定的范围，例如，在说明中"烹调 5.5 ~ 6.6kg 火鸡需要 3 ~ 3.75h". 我已经在美国农业部的数据图表上绘制了 $\Delta t = 1.0 \times m^{2/3}$，其中 m 的单位为 kg，Δt 的单位为 h.

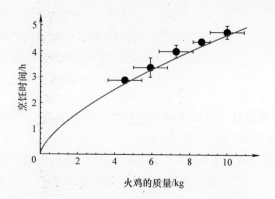

图 4.1 数据来自美国农业部建议的火鸡烹饪时间（实线表示 $\Delta t = 1.0 \times m^{2/3}$）

4.5 扩散

回想一下，由式（4.3）确定的温度梯度 $\partial T / \partial x$ 所产生的热通量 q，即每单位面积上的传热速率，该速率为

$$q = -k \frac{\partial T}{\partial x} \tag{4.9}$$

其中，k 为导热材料的导热系数. 然而，式（4.9）只讲述了导热过程的一半. 对于非均匀热通量 q，即非零的 $\partial q / \partial x$，不可避免地会导致进入区域的热量要比离开区域的热量多. 此外，进入的热量大于离开的热量的区域的温度 T 以 $\partial T / \partial t$ 的速率递增. 因此，我们有

$$\rho c_p \frac{\partial T}{\partial t} = -\frac{\partial q}{\partial x} \tag{4.10}$$

其中，负号表示如果进入区域的热量大于离开的热量，那么 $\partial q / \partial x < 0$，且温度升高，即 $\partial T / \partial t > 0$. 结合式（4.9）和式（4.10）可以发现，如果导热系数 k 在空间上是均匀的，那么

$$\frac{\partial T}{\partial t} = \frac{k}{\rho c_p} \frac{\partial^2 T}{\partial x^2} \tag{4.11a}$$

或等价地

$$\frac{\partial T}{\partial t} = D_T \frac{\partial^2 T}{\partial x^2} \tag{4.11b}$$

其中

$$D_T = \frac{k}{\rho c_p} \tag{4.12}$$

D_T 叫作热扩散系数. 热通过具有恒定热扩散系数 D_T 的物体传导的机制称为扩散. 注意 $[D_T] = \mathrm{T}^{-1}\mathrm{L}^2$.

扩散方程 [式 (4.11a) ~ 式 (4.11b)] 是应用物理学的基本偏微分方程之一. 它的单个参数 D_T（即热扩散系数）决定了热扩散或传导的速率. 当我们确信一个过程是纯粹的传导时（就像"烹调火鸡"的例子一样）, 就可以用热扩散系数 D_T, 而不是用它的独立分量 k、ρ 和 c_p 来构造量纲模型.

4.6 使方程无量纲化

我们还可以从扩散方程 (4.11b) 中直接提取出描述热扩散的量级 $\Delta t = C \cdot m^{2/3} \rho^{1/3} c_p/k$. 因此, 我们用乘法和除法运算进行恒等变形, 将式 (4.11b) 化为如下形式:

$$\frac{\partial(T/T_0)}{\partial(t/\Delta t)} = \frac{D_T \Delta t}{l^2} \cdot \frac{\partial^2(T/T_0)}{\partial(x/l)^2} \tag{4.13}$$

其中, T_0、Δt 和 l^2 是量纲常数, 用来描述初始温度 T_0 以及温度 T 遍布距离 l 所需的时间 Δt. 因此, 出现在无量纲方程 (4.13) 中的无量纲积 $D_T \Delta t/l^2$ 等于无量纲数 C. 因此, 给定 $\Delta t = C \cdot l^2/D_T$ 和 $D_T = k/(\rho c_p)$, 可以得到 $\Delta t = C \cdot l^2 \rho c_p/k$. 又由 $l^2 \propto V^{2/3}$ 和 $V = m/\rho$, 可得 $\Delta t = C' \cdot m^{2/3} \rho^{1/3} c_p/k$, 这样又会重新产生式 (4.6).

使控制过程或定义状态的方程无量纲化, 然后提取将这些方程参数化的无量纲积, 这是一种独特的量纲分析方法. 根据这种方法, 我们应该列出所有相关方程, 并识别进入方程的无量纲积. 如果只有一个无量纲积, 则它等于一个无量纲数. 如果不止一个, 则这些无量纲积通过一个未知函数建立关系.

以上利用使方程无量纲化的过程代替了瑞利算法，我们把这个过程称为使方程无量纲化，而不是用更为常见的名称无量纲化（这样的名称是无趣的）. 当然，我们应该知道那些方程是什么才能使方程无量纲化，但有时我们是不知道的.

4.7　实例：北极冰的生长

为了成为第一个到达北极的人，挪威探险家弗里德霍夫·南森（Fridtjof Nansen，1861—1930）让他的船"弗拉姆"（Fram，在挪威语中意为"前进"）号在西伯利亚北部的拉普捷夫海中结冰. 南森认为，极地冰的自然漂移会把"弗拉姆"号带到北极. 幸好南森只能到达北纬86°（创纪录），这才使得他和他的部下都幸免于难. 南森后来写了一篇精彩的游记，题为《最远的北方》.

南森探险队在第一个冬天（1884 年至 1885 年）的任务之一是测量"弗拉姆"号周围冰的厚度. 他注意到：

从不断进行的测量来看，在 10 月或 11 月的秋季形成的冰在整个冬季会持续增大，一直到春季，它变厚的速度会越来越慢[18].

量纲分析证实了冰的"变厚的速度会越来越慢"，图 4.2 说明了它的几何结构.

冰层以下的水接近海水的冻结温度为 $-2\,^\circ\!C$（T_0），而冰层以上空气的温度 $T(< T_0)$ 在

图 4.2　低于冰点的空气、冰和冰水的层

北极冬季低于冰点. 在这些条件下，冰层厚度 λ 随着时间 t 的增加而增加. 当冰层下的液态水结冰时，从液态水中释放的热量通过冰传导到较冷的空气中. 因此，这一过程虽然是传热过程，但不是纯扩散过程，而是液态水融入冰的过程. 水的凝固热 h、冰的导热系数 k、冰的质量密度 ρ 和冰的质量定压热容 c_p 都很重要. 这些符号及其描述和量纲公式见表 4.2.

表 4.2

符 号	描 述	量纲方程
λ	冰层厚度	L
t	时间	T
$\Delta T(=T_0-T)$	温度差	Θ
k	导热系数	$HT^{-1}L^{-1}\Theta^{-1}$
h	凝固热	HM^{-1}
ρ	水的质量密度	ML^{-3}
c_p	冰的质量定压热容	$H\Theta^{-1}M^{-1}$

这 7 个物理量和 5 个强制量纲，可以生成形式为 $\lambda t^{\alpha}\Delta T^{\beta}k^{\gamma}h^{\delta}\rho^{\varepsilon}c_p^{\phi}$ 的 2 个无量纲积. 因此，有

$$[\lambda t^{\alpha}\Delta T^{\beta}k^{\gamma}h^{\delta}\rho^{\varepsilon}c_p^{\phi}] = LT^{\alpha}\Theta^{\beta}(HT^{-1}L^{-1}\Theta^{-1})^{\gamma}(HM^{-1})^{\delta}(ML^{-3})^{\varepsilon}$$
$$(H\Theta^{-1}M^{-1})^{\phi}$$
$$= L^{1-\gamma-3\varepsilon}T^{\alpha-\gamma}\Theta^{\beta-\gamma-\phi}H^{\gamma+\delta+\phi}M^{-\delta+\varepsilon-\phi} \quad (4.14)$$

并且满足下述约束条件

$$L:1-\gamma-3\varepsilon=0 \quad (4.15a)$$
$$T:\alpha-\gamma=0 \quad (4.15b)$$
$$\Theta:\beta-\gamma-\phi=0 \quad (4.15c)$$
$$H:\gamma+\delta+\phi=0 \quad (4.15d)$$
$$M:-\delta+\varepsilon-\phi=0 \quad (4.15e)$$

解得 $\alpha=\gamma=-1/2$，$\delta=-\beta$，$\varepsilon=1/2$，和 $\phi=\beta+1/2$. 因此，两个无量纲积分别是 $\lambda[h\rho/(t\Delta Tk)]^{1/2}$ 和 $h/(c_p\Delta T)$，冰层厚度 λ 可以用下式描述

$$\lambda = \sqrt{\frac{tk\Delta T}{h\rho}} \cdot f\left(\frac{h}{c_p\Delta T}\right) \quad (4.16)$$

其中，$f(x)$ 是一个待定的函数. 实际上，因为冰层厚度 λ 随 $t^{1/2}$ 增加，所以"弗拉姆"号周围的海冰"变厚的速度会越来越慢".

如果我们用热的等效能量 ML^2T^{-2} 来代替它的强制量纲热 H，就

会产生一个不相关的无量纲积 $th^2\rho/(k\Delta T)$，它代表了我们不希望出现在模型中的东西：内能中功的耗散或内能中功的产生.

约瑟夫·斯特藩（Josef Stefan，1835—1893）是在 1891 年第一个建立并解决冰增厚过程完整模型的人[19]. 从斯特藩时代开始，求解一个区域的边界移动的数学问题就出现了，图 4.2 就是冰的下边界移动问题，也被称为斯特藩问题.

斯特藩的分析可能是由早期北极探险的新闻引起的，包括 1845 年富兰克林（Franklin）探险队在寻找西北航道时不幸全部遇难，1879～1882 年美国军舰"珍妮特"号（USS Jeanette）搭载着探险队队长德隆和许多船员在寻找神话中的"开放极地海"时遇难. 南森（Nansen）相对成功的远征历时三年，从 1893 年到 1896 年. 后来（1910 年至 1912 年），"弗拉姆"号载着罗尔德·阿蒙森⊖（Roald Amundsen）前往南极. 直到今天，挪威人还在奥斯陆的一个博物馆里收藏着"弗拉姆"号.

4.8　实例：烟囱效应

我曾经在一座建于 20 世纪 20 年代的漂亮的老建筑物里工作过，它的设计包括连接从楼上到屋顶的通风口的小通道或烟囱，通过促进空气的自然流动（见图 4.3），这些烟囱使建筑物的顶层在夏天不至于太热.

密度为 ρ、质量热容为 c 的空气通过一扇开着的窗户进入房间，然后从高度为 h 的烟囱流出. 如果内部温度 T_H 高于外部温度 T_C（$<T_H$），浮力使空气以速率 v 上升到烟囱上，这种趋势称为烟囱效应. v 是如何依赖于表 4.3 所列量纲公式中的物理量的？请注意，我们没有把热量 H 包括在强制量纲中. 毕竟，漂浮的空气在膨胀并上升到烟囱上时，确实会对周围环境起作用.

⊖ 挪威极地探险家，第一位到达南极点的人. ——编辑注

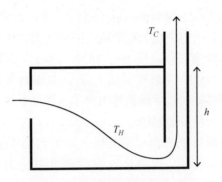

图 4.3 通过烟囱的自然能对流

表 4.3

符　号	描　　述	量 纲 公 式
v	气流的流速	LT^{-1}
g	重力加速度	LT^{-2}
h	烟囱高度	L
c	质量热容	$L^2T^{-2}\Theta^{-1}$
$T_H - T_C$	温度增量	Θ
T_H	内部温度	Θ
ρ	质量密度	ML^{-3}

从表4.3中，我们可以立即消除空气的质量密度 ρ，因为它的量纲公式 ML^{-3} 不能与无量纲积中的其他公式结合在一起. 这样就剩下 6 个物理量 v、g、h、c、$T_H - T_C$、T_H，以及 3 个强制量纲 L、T 和 Θ，由分析应产生 3 个无量纲积. 与表 4.3 核对后发现，它们分别是 $v/\sqrt{gh}$，$c(T_H - T_C)/(gh)$，和 $(T_H - T_C)/T_H$. 因此，气流的流速 v 可以表示为

$$v = \sqrt{gh} \cdot f\left(\frac{c(T_H - T_C)}{gh}, \frac{T_H - T_C}{T_H}\right) \tag{4.17}$$

量纲分析止步于此.

但请注意，gh 和 $c(T_H - T_C)$ 是单位质量的能量，比率 $(T_H - T_C)/T_H$，即 $1 - T_C/T_H$ 是理想热机在 T_H 和 T_C 两个温度之间工作的卡诺

（Carnot）循环的效率. 本质上, 烟囱效应建立了一种热机, 它通过温差产生功. 因为卡诺循环的效率为零的发动机不会产生任何功, 所以 $f(0, 0) = 0$. 因此, 在 $f(x, y)$ 的渐近展开式中, 关于小 x 和 y 的主导项由 $f(x, y) = C \cdot x^n y^m$ 给出, 其中 n 和 m 不能同时为零. 另一种分析表明, 在 $n = 0$ 和 $m = 1/2$ 的情况下, 式（4.17）变为

$$v = C \cdot \sqrt{gh} \cdot \sqrt{1 - T_C/T_H} \qquad (4.18)$$

其中, C 是一个待定的无量纲数.

基本概念

介绍了量纲变量温度 T 以及两个量纲, 它们分别是温度 Θ（量纲）和热 H（强制量纲）. 热是 "没有做功时能量的传递". 当系统不做功或系统不被外界做任何功时, 如 "烹调火鸡" 和 "北极冰的生长" 的例子, 这种情况下热 H 的强制量纲会增加量纲数目, 减少产生的无量纲积数目, 并产生更有见地的结果. 当系统做功时, 如 "烟囱效应" 的实例中所示, 量纲 H 一定会被其等效能量 ML^2T^{-2} 所代替.

4.9 习题

4.1 理想气体. 理想的气压状态方程可以表示为 $pV = nRT$, 其中, p 是气体的压强; n 是体积 V 中的物质的量（即摩尔数）; R 是 "理想气体常数"; T 是绝对温度. 试求出 R 的量纲公式, 即求出 $[R]$.

4.2 纯传导. 在扩散系数为 D_T 的半无限大固体表面, 存在频率为 ω 的周期性温度变化. 温度变化的波传导到半无限大的固体中. 求: (a) 这种变化的波长 λ 和 (b) 它的传播速率 v 是如何依赖于 ω 和 D_T 的[20].

4.3 传导与对流. 热物体周围流速为 v 的流体将热量从物体中传导和对流出去. 热物体和冷却液之间的温差为 ΔT. 物体的大小为 l, 其中 $[l] = L$, 流体的质量热容为 c, 质量密度为 ρ, 导热系数为 k. 确定热通量 q 是如何依赖于物理量 v、ΔT、l、c、ρ 和 k 的. 由于是传热问题, 所以热量 H 与 M、L、T、Θ 一样也是一个有效量纲[21].

第 5 章

电动力学与等离子体物理

5.1 麦克斯韦方程组

电荷密度 ρ 产生电场 E，而移动电荷构成电流密度 J，进而产生磁场 B. 麦克斯韦（James Clerk Maxwell，1831—1879）设计了将这些场 E 和 B 与它们的源 ρ 和 J 联系起来的方程组，下面是其微分向量形式：

$$\nabla \cdot E = \frac{\rho}{\varepsilon_0} \qquad (5.1a)$$

$$\nabla \times E = -\frac{\partial}{\partial t}B \qquad (5.1b)$$

$$\nabla \cdot B = 0 \qquad (5.1c)$$

和

$$\nabla \times B = \mu_0 J + \mu_0 \varepsilon_0 \frac{\partial}{\partial t}E \qquad (5.1d)$$

量纲常数 ε_0 被称为真空介电常数（也称为电常数），μ_0 被称为真空磁导率或磁常数. 电场 E 和磁场 B 对洛伦兹力定律所描述的电荷量为 q 的电荷施加力 F，即

$$F = q(E + v \times B) \qquad (5.2)$$

式中，v 是电荷的速度. 式（5.1）和式（5.2）统领所有电动力学

现象⊖.

麦克斯韦根据过去 80 年间前人的贡献，在 1865 年首次提出了与他同名的方程组[式(5.1a)~式(5.1d)]. 他特别感谢法拉第（Michael Faraday，1791—1867），并敦促那些想要理解自己理论的人首先阅读法拉第那本 1100 页的《电学实验研究》. 法拉第所开创的场的概念，不同于当时流行的超距作用观点. 按照超距作用理论，带电粒子直接相互作用. 相反，法拉第认为这些场是调节带电粒子相互作用的真实物体. 麦克斯韦努力将法拉第的电场和磁场的图形化理解进行数学化，最终得出了方程组（5.1）. 安培 – 麦克斯韦定律[式(5.1d)]中等号右边的第二项引入了麦克斯韦的贡献：位移电流项 $\mu_0 \varepsilon_0 (\partial E / \partial t)$.

麦克斯韦证明了安培 – 麦克斯韦定律［式（5.1d）］和法拉第定律［式（5.1b）］都支持脱离各自场源的交替变化的电磁场结构，而且使其以光速在空间中传播. 通过这种方式，麦克斯韦预言光波是电磁波谱的一部分，海因里希·赫兹（Heinrich Hertz，1857—1897）在 1886 年意外地通过实验进行了验证.

麦克斯韦方程组（5.1）需要一个新的量纲——电荷量，其国际单位为库仑（C），符号记为 Q，量纲记为 Q. 因此，电荷密度 ρ 的量纲为 QL^{-3}，电流密度 J 的量纲为 $QT^{-1}L^{-2}$. 由 $[\rho] = QL^{-3}$、$[J] = QT^{-1}L^{-2}$ 和式（5.2）可以发现

$$[E] = MLT^{-2}Q^{-1} \tag{5.3a}$$

$$[B] = MT^{-1}Q^{-1} \tag{5.3b}$$

根据高斯定律［式（5.1a）］和式（5.3a），得

$$[\varepsilon_0] = M^{-1}L^{-3}T^2Q^2 \tag{5.4a}$$

从安培 – 麦克斯韦定律［式（5.1d）］和式（5.3b）我们发现

$$[\mu_0] = MLQ^{-2} \tag{5.4b}$$

⊖ 在只考虑一个量纲常数：光速 c 时，麦克斯韦方程可以被转换成理论学家所青睐的形式. 在国际单位制中，因为真空磁导率 μ_0 是常数 $4\pi \times 10^{-7}$，因此，μ_0 可以被纳入对电场和电荷密度的定义.

注意到由于 $[\mu_0\varepsilon_0] = L^{-2}T^2$，所以量纲常数 $1/\sqrt{\mu_0\varepsilon_0}$ 具有和速率 LT^{-1} 一样的量纲公式. 此外，$1/\sqrt{\mu_0\varepsilon_0}$ 的大小是 $3.00 \times 10^8 \mathrm{m/s}$，是真空中的光速. 我们还将使用 $E = -\nabla V$ 来定义电势差或电压 V. 因此，由式（5.3a），得 $[V] = ML^2T^{-2}Q^{-1}$.

其实在式（5.1d）中麦克斯韦位移电流项和式（5.1b）中法拉第定律的右边，麦克斯韦方程的近似值并不重要. 在这种近似中，电场和磁场是分离的，每一个场都是由它自己的源分别产生的，电荷产生电场，电流产生磁场. 这种分离创造了静电学和静磁学这两个不同的领域. 真空介电常数 ε_0 和真空磁导率 μ_0 就变得很重要了.

5.2 实例：罗盘指针的振动

到 18 世纪末，小的磁化铁片在过去的六至七个世纪以来一直被用作指南针来帮助海员航行. 同样是在 18 世纪末，在大西洋的大部分地区磁北线相对于天体北线的方向（磁偏角）以及罗盘指针在垂直方向的偏转（磁倾角）也已绘制出来. 磁偏角和磁倾角共同描述了最终被称为地磁场的方向. 但是怎样才能测量这个场的大小呢？

1776 年，法国海军工程师让·查尔斯·博尔达（Jean Charles Borda，1733—1799）在指挥法国军舰支援美国的独立战争时，想到了一个好主意：因为摆的振荡频率 ω 与当地的重力加速度 g 的平方根成正比，即 $\omega \propto \sqrt{g}$. 那么罗盘指针的振荡频率 ω 也应与当地磁场 B 的大小的平方根成正比，故有 $\omega \propto \sqrt{B}$. 通过测量罗盘指针的振荡频率 ω，博尔达希望能够测量出磁场 B[22].

由 $[\omega] = T^{-1}$ 和 $[B] = MT^{-1}Q^{-1}$ 可知，频率 ω 不仅仅取决于 B 的大小，还应取决于罗盘针对磁场的响应程度以及罗盘指针的转动惯量. 首先参数化罗盘指针的磁偶极矩 μ（不要与真空磁导率 μ_0 的符号混淆），然后是参数化罗盘指针的惯性矩 I. 这些符号及其描述和量纲公式见表 5.1.

表　5.1

符　号	描　　述	量纲公式
ω	频率	T^{-1}
B	磁场强度	$MT^{-1}Q^{-1}$
μ	磁偶极矩	$QT^{-1}L^2$
I	惯性矩	ML^2

由于存在 4 个量纲和常数以及 4 个强制量纲，根据经验法则 $N_P = N_V - N_D$，无法形成无量纲积——除非有效量纲的数量小于 4. 在后一种情况下，无量纲积具有 $\omega B^{\varepsilon}\mu^{\beta}I^{\gamma}$ 的形式，其中指数应满足使下式等于 1.

$$\left[\omega B^{\alpha}\mu^{\beta}I\gamma\right] = T^{-1}(MT^{-1}Q^{-1})^{\alpha}(QT^{-1}L^2)^{\beta}(ML^2)^{\gamma}$$
$$= T^{-1-\alpha-\beta}M^{\alpha+\gamma}Q^{-\alpha+\beta}L^{2\beta+2\gamma} \qquad (5.5)$$

因此

$$T: -1-\alpha-\beta = 0 \qquad (5.6a)$$
$$M: \alpha+\gamma = 0 \qquad (5.6b)$$
$$Q: -\alpha+\beta = 0 \qquad (5.6c)$$
$$L: 2\beta+2\gamma = 0 \qquad (5.6d)$$

解得 $\alpha = -1/2$、$\beta = -1/2$ 和 $\gamma = 1/2$. 这样我们发现，

$$\omega = C \cdot \sqrt{\frac{B\mu}{I}} \qquad (5.7)$$

其中，C 是一个待定的无量纲数.

注意，式（5.6b）、式（5.6c）和式（5.6d）中只有两个是线性无关的，即 4 个导出量纲中只有 3 个是有效的. 观察表 5.1 可以发现，三个量纲 M、L 和 Q 仅出现在两种组合中：ML^2 和 QL^2T^{-1}. 它们分别是惯性矩和磁偶极矩的量纲公式. 因此，只有 3 个有效量纲：T、ML^2 和 QL^2T^{-1}，而不是 4 个量纲：M、T、L 和 Q.

式（5.7）证实了博尔达对 ω 的推测：$\omega \propto \sqrt{B}$. 原则上，博尔达可以通过测量相同罗盘或相同构造的罗盘在不同位置处的振荡频率 ω 来比较不同位置处磁场的大小 B. 实际上，法国政府于 1785 年委托拉佩鲁兹（Comte de La Perouse）进行了两次探险，部分原因是为了测

量太平洋各地的磁偏角、磁倾角和震级. 不幸的是，1788 年，探险队的船只在所罗门群岛之一的瓦尼科罗岛（Vanikoro）海岸附近的珊瑚礁上失事. 有证据表明拉佩鲁兹的一些水手存活了几年，甚至几十年. 法国人曾在 1793 年的一次搜救任务中发现了瓦尼科罗岛，但没有意识到探险队就是在那里失事的，因此未能上岸. 1827 年，爱尔兰船长彼得·迪伦（Peter Dillon）指挥一艘英国船只在瓦尼科罗岛登陆，他在那里买到了"一个船钟，一块带有鸢尾花形纹章的木板，还有制造商识别标志仍然可见的枪"（拉佩鲁兹的船只残骸，均是来自欧洲生产的物品），但没能找到幸存者[23].

5.3 实例：加速电荷辐射

带电粒子以恒定速度运动时，伴随其运动的电场和磁场也随之运动. 这些场不会从它们的源分离并传播，也就是说，它们不会构成电磁波. 只有加速电荷才能辐射出带有能量和动量的电磁波，此时信息会远离它们的来源. 例如，在手机和无线电发射塔中，电子沿着像手臂的天线来回移动. 由于这些电子不断地改变它们的速度和运动方向，因此会不断加速. 由于其不断加速，它们不断地辐射电磁波.

考虑具有恒定加速度 a 的带电粒子，例如，在半径为 r 的圆周上以恒定速率 v 移动，使得其向心加速度 $a = v^2/r$. 这个带电粒子会以什么速率辐射能量？由于辐射是一种电磁现象，辐射功率 P 必须依赖于麦克斯韦方程中的量纲常数 ε_0 和 μ_0，以及电荷量 q 及其加速度 a. 这些量纲变量的符号及其描述和量纲公式见表 5.2.

表 5.2

符 号	描 述	量纲公式
P	辐射功率	ML^2T^{-3}
q	电荷量	Q
a	加速度	LT^{-2}
ε_0	真空介电常数	$M^{-1}L^{-3}T^2Q^2$
μ_0	真空磁导率	MLQ^{-2}

由于存在 5 个量纲变量和常数以及 4 个强制量纲，我们期望得到形式为 $Pq^{\alpha}a^{\beta}\varepsilon_0^{\gamma}\mu_0^{\delta}$ 的 1 个无量纲乘积．其中指数应满足使下式等于 1.

$$[Pq^{\alpha}a^{\beta}\varepsilon_0^{\gamma}\mu_0^{\delta}] = ML^2T^{-3}Q^{\alpha}(LT^{-2})^{\beta}(M^{-1}L^{-3}T^2Q^2)^{\gamma}(MLQ^{-2})^{\delta}$$

$$= M^{1-\gamma+\delta}L^{2+\beta-3\gamma+\delta}T^{-3-2\beta+2\gamma}Q^{\alpha+2\gamma-2\delta} \tag{5.8}$$

因此

$$M: 1-\gamma+\delta = 0 \tag{5.9a}$$

$$L: 2+\beta-3\gamma+\delta = 0 \tag{5.9b}$$

$$T: -3-2\beta+2\gamma = 0 \tag{5.9c}$$

$$Q = \alpha+2\gamma-2\delta = 0 \tag{5.9d}$$

解得 $\alpha = -2$、$\beta = -2$、$\gamma = -1/2$ 以及 $\delta = -3/2$．因此 $Pq^{-2}a^{-2}\varepsilon_0^{-1/2}\mu_0^{-3/2}$ 是无量纲的，所以

$$P = C \cdot \frac{q^2a^2}{\varepsilon_0c^3} \tag{5.10}$$

其中，C 是待定的无量纲数．注意，在式（5.10）中，我们已经用 $c = 1/\sqrt{\varepsilon_0\mu_0}$ 来代替 μ_0．拉莫尔（J. J. Larmor）于 1897 年首次推导出式（5.10），其中 $C = (6\pi)^{-1}$．

自 1911 年卢瑟福发现原子核之后，氢原子的行星模型便在短时间内流行，而拉莫尔的结果则表明行星模型是站不住脚的．电子不断地辐射能量，并因此不断地陷入到原子核中．尼尔斯·玻尔（Niels Bohr）意识到了这个问题，并在 1913 年完善了量子化条件，不仅保留了氢原子的稳定性，而且还预测了它的发射和吸收光谱．

5.4　实例：蔡尔德定律

真空管的两部分分别称为阳极和阴极，最简单的几何结构如图 5.1 所示．两块表面积为 A 的平行金属板相距 s（$\ll \sqrt{A}$）．其中一块金属板带负电（阴极），另一块带正电（阳极），它们之间的电势差为 ΔV．电流密度为 J 的电子流从阴极发射并向阳极加速．

蔡尔德（C. D. Child，1868—1933）在 1911 年发现了一种关系，这种关系决定了具有上述几何形状的电子管可能产生的最大电流密度

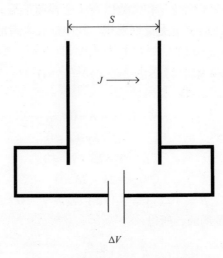

图 5.1　电子管中平行板的几何图

$J_{\max}$，后来这种关系以他的名字命名. 因为同号电荷相互排斥，所以电流密度 J 越大，对刚刚从阴极发射出来的电子的加速力也就越小. 实际上，如果电流密度 J 足够大，刚刚从阴极发射出来的电子将会被两块板之间的电子排斥，因此将不会经历加速. 这个最大电流密度 $J_{\max}$ 称为空间电荷极限电流密度.

　　空间电荷极限电流密度 $J_{\max}$ 是板间距离 s、电势差 ΔV、真空介电常数 ε_0、电子电荷量 e 和电子质量 m_e 的函数. 这些符号及其描述和量纲公式见表 5.3.

表　5.3

符　号	描　述	量纲公式
$J_{\max}$	最大电流密度	$QT^{-1}L^{-2}$
s	板间距离	L
ΔV	电势差	$ML^2T^{-2}Q^{-1}$
ε_0	真空介电常数	$Q^2L^{-3}M^{-1}T^2$
e	电子的电荷量	Q
m_e	电子质量	M

假设由这些量纲变量和常数产生的无量纲积为 $J_{max} s^\alpha \Delta V^\beta \varepsilon_0^\gamma e^\delta m_e^\varepsilon$ 的形式，其中指数应满足使下式等于 1.

$$[J_{max} s^\alpha \Delta V^\beta \varepsilon_0^\gamma e^\delta m_e^\varepsilon] = QT^{-1}L^{-2}L^\alpha (ML^2 T^{-2}Q^{-1})^\beta (Q^2 L^{-3} M^{-1}$$
$$T^2)^\gamma Q^\delta M^\varepsilon$$
$$= Q^{1-\beta+2\gamma+\delta} T^{-1-2\beta+2\gamma} L^{-2+\alpha+2\beta-3\gamma} M^{\beta-\gamma+\varepsilon} \quad (5.11)$$

因此

$$Q: 1 - \beta + 2\gamma + \delta = 0 \qquad (5.12a)$$
$$T: -1 - 2\beta + 2\gamma = 0 \qquad (5.12b)$$
$$L: -2 + \alpha + 2\beta - 3\gamma = 0 \qquad (5.12c)$$
$$M: \beta - \gamma + \varepsilon = 0 \qquad (5.12d)$$

解得 $\beta = -7/2 + \alpha$，$\gamma = -3 + \alpha$，$\delta = 3/2 - \alpha$ 以及 $\varepsilon_0 = 1/2$. 两个无量纲量 $J_{max} e^{3/2} m_e^{1/2} / (\Delta V^{7/2} \varepsilon_0^3)$ 和 $s\Delta V \varepsilon_0/e$ 之间具有以下的关系：

$$J_{max} = \frac{\varepsilon_0^3 \Delta V^{7/2}}{e^{3/2} m_e^{1/2}} \cdot f\left(\frac{e}{s\Delta V \varepsilon_0}\right) \qquad (5.13)$$

其中，$f(x)$ 是一个待定函数.

将电子电荷量 e 和质量 m_e 代入式（5.13）中，电子的荷质比 e/m_e 就可以确定，则有 $f(x) = C \cdot x^2$，因此

$$J_{max} = C \cdot \frac{\varepsilon_0 \Delta V^{3/2}}{s^2} \sqrt{\frac{e}{m_e}} \qquad (5.14)$$

经分析，得 $C = 4\sqrt{2}/9$. 阴极前面保持空间电荷极限电流的电子云被称为虚拟阴极.

5.5　等离子体物理

等离子体是分离电子和正离子的集合. 强大静电力通常使等离子体全部保持电荷中性. 即便如此，等离子体可以支持产生净电荷和电流密度的局部区域的波，从而产生不会消失的电场和磁场的局部区域. 大多数天然和人工产生的等离子体都是某种程度上被电离的气体. 然而，金属导体中的自由电子和不动离子以及电解质中的电荷也可以被视为等离子体.

等离子体是在雷击过程中在地球表面自然产生的, 也有的是通过在高层大气或电离层中电离太阳辐射产生的. 焊工焊枪的电弧是等离子的, 火焰中最热的部分也是等离子的. 等离子体被用于蚀刻集成电路. 虽然我们附近的环境基本上是无等离子体的, 但宇宙中的大部分物质足够热, 足够稀薄, 足以维持显著的电离作用, 因此处于等离子体状态. 例如, 太阳是等离子体, 大多数星际和星际气体也是等离子体.

5.6 实例: 等离子体振荡

考虑一个由密度为 n_e 的电子和密度为 n_i 的正离子以及电荷状态 Z 组成的等离子体, 这样 $Zn_i = n_e$. 如果等离子体电子从平衡位置移动, 它们将被拉回并加速到平衡位置, 由于惯性而超越该位置, 并继续以 ω_p (称为等离子体频率) 的频率振荡. 由于电子的质量比离子小得多, 所以大部分振荡运动都发生在电子中.

等离子体频率 ω_p 是如何依赖于电子密度 n_e、电子电荷量 e、电子质量 m_e 和真空介电常数 ε_0 的? 这 5 个量纲变量和常数用 4 个强制量纲 M、L、T 和 Q 表示. 因此, 根据经验法则 $N_P = N_V - N_D$, 分析应得到 1 个无量纲积. 这些符号及其描述和量纲公式见表 5.4.

表 5.4

符 号	描 述	量 纲 公 式
ω_p	等离子体频率	T^{-1}
n_e	电子密度	L^{-3}
e	电子电荷量	Q
m_e	电子质量	M
ε_0	真空介电常数	$M^{-1}L^{-3}T^2Q^2$

在这种情况下, 我们可以很容易地构造无量纲积, 而不需要使用瑞利算法. 一个无量纲积以 ε_0 开头, 在每种情况下除以或乘以其他量的幂, 这样由除法或乘法就可以从乘积的量纲公式中消除强制量纲 M、L、T 或 Q 中的一个量纲. 这种方式产生的无量纲积为 $\omega_p^2 m_e \varepsilon_0 /$

$(n_e e^2)$. 因此, 有

$$\omega_p^2 = C \cdot \frac{n_e e^2}{m_e \varepsilon_0} \tag{5.15}$$

其中, C 是无量纲数. 如人们所料, 电子质量 m_e 越大, 振荡频率 ω_p 就越小. 此外, 以参数 $n_e e^2 / \varepsilon_0$ 表示的回复力越大, 振荡频率 ω_p 就越大. 经分析, 得 $C = 1$.

5.7　实例: 箍缩效应

电磁相互作用不仅限于异性电荷相吸和同性电荷相斥. 比如说电子, 无论什么时候同性电荷都朝着同一方向移动, 它们就会形成电流, 不同的同向电流会相互吸引. 而反向电流则互相排斥. 由于它们是由磁场介导的, 这些相互作用通常比静电吸引和排斥弱得多. 但是, 当密集的电子云漂移通过同样密集的云或相对稳定的离子阵列时, 静电力被中和, 并使磁场力占主导地位. 由此产生的不同的同向电流间的吸引力被称为箍缩效应.

当有闪电的大电流产生时, 箍缩效应可能会非常大, 以致会使载有该电流的刚性金属避雷针爆炸. 1905 年, 两名澳大利亚工程师 J. A. Pollock 和 S. Barraclough 检查了安装在澳大利亚新南威尔士州的一家炼油厂上方避雷针的破碎和变形残骸, 避雷针原本是一根铜管, 铜管受到雷击并在箍缩效应下发生了爆炸.

在 20 世纪中叶, 人们认为箍缩效应能够产生足够热量和足够致密的等离子体, 这些足以支持轻核的核聚变. 这个想法是, 沿着长直导线定向流动的电流脉冲, 其初始部分将使导线的材料及其周围的气体汽化和电离, 而与脉冲的剩余部分相关的箍缩效应则将压缩和加热由此产生的等离子体.

最后, 等离子体施加的向外的压力将平衡向内的箍缩力. 通过量纲分析, 可以发现等离子体电流 I、等离子体半径 R、单位长度的等离子体密度 N_L 和这些力平衡时的等离子体绝对温度 T 之间的关系. 图 5.2 说明了这种圆柱形等离子体的 "z - 箍缩" 的几何结构.

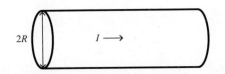

图 5.2 "z-箍缩"的几何图

因为这不是一个传热问题，而是磁场对等离子体进行压缩和加热的问题，所以量纲 H 不独立于 M、L 和 T. 玻尔兹曼常数 k_B 和真空介电常数 μ_0 应包括在量纲变量和常数中. 此外，由于我们只关心完全压缩和平衡的分配，所以既不需要考虑压缩时间，也不需要考虑等离子体粒子的惯性（见习题 5.5）. 这些变量和常数的符号、描述以及量纲公式见表 5.5.

表 5.5

符 号	描 述	量 纲 公 式
I	电流	QT^{-1}
R	半径	L
N_L	单位长度的等离子密度	L^{-1}
T	温度	Θ
k_B	玻尔兹曼常数	$ML^2T^{-2}\Theta^{-1}$
μ_0	真空介电常数	MLQ^{-2}

该表清楚地表明，玻尔兹曼常数 k_B 必须乘以绝对温度 T，否则温度的量纲 Θ 将无法从无量纲积中消除. 因此，我们将这两个量纲变量和常量仅包含在乘积 k_BT 中，从而节省了一些精力. 由此我们有 5 个无量纲变量和常数（I、R、N_L、k_BT 和 μ_0），它们可以用 4 个强制量纲 M、L、T 和 Q 表示.

无量纲积的形式为 $IR^\alpha N_L^\beta (k_BT)^\gamma \mu_0^\delta$，其中指数应满足使下式等于 1. 因此，

$$[IR^\alpha N_L^\beta (k_BT)^\gamma \mu_0^\delta] = QT^{-1}L^\alpha (L^{-1})^\beta (ML^2T^{-2})^\gamma (MLQ^{-2})^\delta$$

$$= Q^{1-2\delta}T^{-1-2\gamma}L^{\alpha-\beta+2\gamma+\delta}M^{\gamma+\delta} \qquad (5.16)$$

意味着，

$$Q: 1-2\delta = 0 \qquad (5.17a)$$

$$\text{T:} \quad -1 - 2\gamma = 0 \qquad (5.17b)$$
$$\text{L:} \quad \alpha - \beta + 2\gamma + \delta = 0 \qquad (5.17c)$$
$$\text{M:} \quad \gamma + \delta = 0 \qquad (5.17d)$$

解得 $\beta = \alpha - 1/2$、$\gamma = -1/2$ 和 $\delta = 1/2$. 注意，式（5.17a）、式（5.17b）和式（5.17d）中只有两个是线性无关的. 显然，只有 3 个量纲是有效的. 通过检查表可知这些是 QT^{-1}、MT^{-2} 和 L，或者是等效的 QT^{-1}、MLT^{-2} 和 L. 后者将总电流 QT^{-1} 和力 MLT^{-2}（即 F）作为有效量纲. 我们可以采用这些作为强制量纲.

假设无量纲积的形式为 $I\sqrt{\mu_0/(N_L k_B T)}$ 和 RN_L. 因此，

$$I^2 = \frac{N_L k_B T}{\mu_0} \cdot f(RN_L) \qquad (5.18)$$

其中，$f(x)$ 是一个待定的函数. 在大多数应用中 $RN_L \gg 1$. 更详细的分析表明

$$RN_L \to \infty, \quad f(RN_L) \to 8\pi.$$

基本概念

电动力学引入了三个新的量纲基本常数：真空介电常数 ε_0、真空磁导率 μ_0 和光速 c. 因为 ε_0、μ_0 和 c 通过 $c = 1/\sqrt{\varepsilon_0 \mu_0}$ 联系在一起，所以在任何一个描述中这三个常数都不要超过两个. 本章还介绍了一个新的量纲，电荷量的量纲 Q. 模拟静电状态或过程时，需要 ε_0；而模拟静磁状态或过程时，则需要 μ_0；模拟电场和磁场耦合的电磁过程时，则需要 ε_0 和 μ_0 两个量.

5.8　习题

5.1　驻极（电介）体振荡. 驻极（电介）体是一种材料，可能是石英或聚合物，能够长时间保持电荷分离，这样就产生了一个半永久性电偶极矩 p，其中 $[p] = QL$. 想象一个安装有转动惯量为 I 的针状驻极体，使其能够自由旋转并与附加的大小为 E 的电场对齐. 通过量纲分析来确定其在平衡位置周围振荡的频率 ω. 见 5.2 节.

5.2　场. 现有一个与观测者之间的距离小于 d、带有电荷 q 并以

恒定速率 v 通过的粒子. (a) 观测者检测到的最大电场强度 E 如何依赖于这些变量以及 ε_0 和 μ_0? (b) 观测者检测到的最大磁场强度 B 如何依赖于这些变量以及 ε_0 和 μ_0?

5.3 圆柱形蔡尔德定律. 本题与 5.4 节介绍的蔡尔德定律有关. 假设阴极是一根长直导线,阳极是一个半径为 R、长度为 L 的同心圆柱体,如图 5.3 所示. 阴极和阳极之间的电势差 ΔV 导致最大电流在两者之间流动. 求阴极和阳极之间单位长度最大电流 $I_{\max}/L$ 的表达式,该表达式在结构上与式(5.13)和式(5.14)类似.

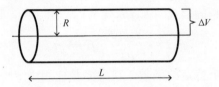

图 5.3 线阴极和同心圆柱阳极的几何结构

5.4 等离子体振荡. 本题与 5.6 节有关. 使用瑞利算法证明:只有一个无量纲积 $\omega_p \sqrt{m_e \varepsilon_0 / (n_e e^2)}$ 是由量纲变量和常数 ω_p、m_e、ε_0、n_e 和 e 产生的.

5.5 箍缩效应压缩时间.

我们在 5.7 节中使用瑞利算法来确定电流 I 使初始半径为 R_0、质量为 m、密度为 N_L 的等离子体变得完全压缩所需的时间 Δt 的表达式.(量纲变量和常数中包括真空磁导率 μ_0.)

5.6 箍缩效应. 重新编制 5.7 节中的表 5.5,列出 5 个量纲变量和常数(I、R、N_L、$k_B T$ 和 μ_0)的符号、描述和量纲公式. 这样做可以将量纲公式表示为 3 个有效量纲:电流 QT^{-1}、单位长度压力 $ML^{-2}T^{-2}$ 和长度 L.

6

第 6 章

量子物理学

6.1 普朗克常数

　　普朗克（Max Planck, 1858—1947）在 1894—1900 年期间的专业目标是用黑体材料建立电磁辐射热平衡特性的模型，之所以叫黑体是因为它们在所有频率上吸收（和发射）电磁辐射．因此，处于平衡态的黑体发出的电磁辐射称为黑体辐射．起初，普朗克几乎没有取得什么进展——对黑体辐射的经典物理学描述甚至未能再现其最基本的特性．1900 年以前，经典物理学是物理学的全部．

　　普朗克最终寻找了一个简单的假设，这个假设可以在数学上再现黑体辐射的性质，即使这个假设超出了当时已知的范畴．他在 1900 年发现的是一个大胆的断言，即黑体只能以可数束或量子的形式吸收和发射频率为 ν 的辐射，每束或量子的能量 E 与 ν 成正比．即 $E = h\nu$，其中 h 是一个常数，现在称为普朗克常数．假设在 h 取如下近似值时，普朗克根据他的假设推出了更符合有效数据的表达式．

$$h = 6.63 \times 10^{-34} \text{kg} \cdot \text{m}^2/\text{s} \tag{6.1}$$

式（6.1）给出了目前国际单位制中的普朗克常数的数值（保留三位有效数字）．请注意 $[h] = \text{ML}^2\text{T}^{-1}$．

　　尽管普朗克的假设是一次巨大的成功，但物理学家还是要花上一些时间才能理解它的结果．1905 年，爱因斯坦（Albert Einstein, 1879—1955）发现普朗克提出的量子（后来被称为光子）也可以用来解释光电效应，而康普顿（Arthur Holly Compton）则在 1922 年发现，光子和电子在相互作用时保持了它们的总动量和能量. 最终, 普朗克发现了一个新的物理领域——量子领域. 今天我们认识到普朗克常数 h 是量子物理中一个确定的符号.

6.2 实例：黑体辐射

在黑体材料包围的空腔中, 可以对辐射状态方程进行量纲分析. 由于黑体辐射是一种量子现象, 它的能量密度 E/V 取决于普朗克常数 h 以及光速 c 和乘积 $k_B T$, 其中 k_B 为玻尔兹曼常数, T 为辐射的绝对温度. 这些符号及其说明和量纲公式见表 6.1.

表 6.1

符　号	描　述	量纲公式
E/V	能量密度	$ML^{-1}T^{-2}$
h	普朗克常数	MT^2T^{-1}
$k_B T$	玻尔兹曼常数与绝对温度的乘积	ML^2T^{-2}
c	光速	LT^{-1}

因为有 4 个量纲变量和常量 (E/V、h、c 和 $k_B T$), 3 个导出量纲 (M、L 和 T), 根据经验法则 $N_P = N_V - N_D$, 量纲分析应生成 1 个无量纲积. 我们通过无量纲化 $(E/V)h^\alpha (k_B T)^\beta c^\gamma$ 来确定无量纲积. 因此,

$$[(E/V)h^\alpha(k_B T)^\beta c^\gamma] = (ML^{-1}T^{-2})(ML^2T^{-1})^\alpha(ML^2T^{-2})^\beta(LT^{-1})^\gamma$$
$$= M^{1+\alpha+\beta}L^{-1+2\alpha+2\beta}T^{-2-\alpha-2\beta-\gamma} \tag{6.2}$$

意味着

$$M: 1+\alpha+\beta = 0 \tag{6.3a}$$
$$L: -1+2\alpha+2\beta+\gamma = 0 \tag{6.3b}$$
$$T: -2-\alpha-2\beta-\gamma = 0 \tag{6.3c}$$

解得 $\alpha = 3$, $\beta = -4$, $\gamma = 3$. 因此, 乘积 $(E/V)(hc)^3(k_B T)^{-4}$ 是无量纲的, 且

$$\frac{E}{V} = C \cdot \frac{(k_B T)^4}{(hc)^3} \tag{6.4}$$

其中，C 是无量纲数．式（6.4）中取 $C = 8\pi^5/15$ 时就是著名的玻尔兹曼定律．

6.3　实例：黑体辐射的光谱能量密度

黑体辐射的能量密度 E/V 由频率为 ν 的电磁波组成，这些电磁波与能量为 $h\nu$ 的光子有关，光子的密度在电磁波的频谱中从 $\nu = 0$ 到 $\nu = \infty$ 是不均匀的．因此，我们可以问，"每微分频率黑体辐射的光谱能量密度，即 $V^{-1}(\mathrm{d}E/\mathrm{d}\nu)$ 是如何依赖于频率 ν 的？" $V^{-1}(\mathrm{d}E/\mathrm{d}\nu)$ 被我们称为黑体辐射的光谱能量密度，它取决于普朗克常数 h、标准化的绝对温度 $k_\mathrm{B}T$ 和光速 c．这些物理量的符号及其说明和量纲公式见表 6.2.

表　6.2

符　　号	描　　述	量纲公式
$(\mathrm{d}E/\mathrm{d}\nu)V^{-1}$	光谱能量密度	$\mathrm{ML^{-1}T^{-1}}$
ν	频率	$\mathrm{T^{-1}}$
$k_\mathrm{B}T$	玻尔兹曼常数与绝对温度的乘积	$\mathrm{ML^2T^{-2}}$
h	普朗克常数	$\mathrm{ML^2T^{-1}}$
c	光速	$\mathrm{LT^{-1}}$

因为有 5 个量纲变量和常数，3 个强制量纲，所以我们需要找到 2 个无量纲积．假设形式为 $(\mathrm{d}E/\mathrm{d}\nu)V^{-1}\nu^\alpha(k_\mathrm{B}T)^\beta h^\gamma c^\delta$，其中指数 α、β、γ 和 δ 使其为无量纲．因此，有

$$
\begin{aligned}
\left[(\mathrm{d}E/\mathrm{d}\nu)V^{-1}\nu^\alpha(k_\mathrm{B}T)^\beta h^\gamma c^\delta\right] &= \mathrm{ML^{-1}T^{-1}}(\mathrm{T^{-1}})^\alpha(\mathrm{ML^2T^{-2}})^\beta \\
&\quad (\mathrm{ML^2T^{-1}})^\gamma(\mathrm{LT^{-1}})^\delta \\
&= \mathrm{M}^{1+\beta+\gamma}\mathrm{L}^{-1+2\beta+2\gamma+\delta}\mathrm{T}^{-1-\alpha-2\beta-\gamma-\delta}
\end{aligned}
$$

（6.5）

意味着

$$\mathrm{M}:\ 1+\beta+\gamma = 0 \tag{6.6a}$$

$$\mathrm{L}:\ -1+2\beta+2\gamma+\delta = 0 \tag{6.6b}$$

$$T: \quad -1 - \alpha - 2\beta - \gamma - \delta = 0 \qquad (6.6c)$$

解得 $\beta = -3 - \alpha$，$\gamma = 2 + \alpha$，$\delta = 3$，因此 $(\mathrm{d}E/\mathrm{d}\nu)V^{-1}h^2c^3(k_BT)^{-3}$ 和 $h\nu/(k_BT)$ 是无量纲的，所以

$$V^{-1}\left(\frac{\mathrm{d}E}{\mathrm{d}\nu}\right) = \frac{(k_BT)^3}{h^2c^3} \cdot f\left(\frac{h\nu}{k_BT}\right) \qquad (6.7)$$

其中，函数 $f(x)$ 是待定的.

然而，待定函数 $f(x)$ 的形式受到以下要求的限制：所有频率上的光谱能量密度 $V^{-1}(\mathrm{d}E/\mathrm{d}\nu)$ 的积分为平均能量密度 E/V，其表达式为

$$\int_0^{+\infty} V^{-1}\left(\frac{\mathrm{d}E}{\mathrm{d}\nu}\right)\mathrm{d}\nu = \left(\frac{E}{V}\right) \qquad (6.8)$$

又由式（6.7），得

$$\frac{(k_BT)^3}{h^2c^3}\int_0^{+\infty} f\left(\frac{h\nu}{k_BT}\right)\mathrm{d}\nu = \frac{E}{V} \qquad (6.9)$$

将积分变量 ν 变为 x，令 $x = h\nu/(k_BT)$，则式（6.9）转换为

$$\frac{(k_BT)^4}{(hc)^3}\int_0^{+\infty} f(x)\,\mathrm{d}x = \frac{E}{V} \qquad (6.10)$$

给定式（6.4）那样的状态，式（6.10）变成

$$\int_0^{+\infty} f(x)\,\mathrm{d}x = C \qquad (6.11)$$

此结果与函数 $f(x)$ 及常数 C 有关，否则将无法确定. 更详细的分析得到 $f(x) = x^3/(\mathrm{e}^x - 1)$. 由式（6.11），得 $C = 8\pi^5/15$.

6.4 实例：玻尔模型

玻尔利用普朗克常数 h 来建立对氢原子的新认识. 根据 1913 年提出的玻尔模型，氢原子由一个电子组成，质量为 m_e，电荷量为 e，在特定的非辐射轨道上有一个质量为 $m_p(=1836m_e)$ 的质子绕轨道运行. 由于电子和质子是因静电结合在一起的，所以真空介电常数 ε_0 有助于确定这些轨道. 根据假设，由于玻尔轨道是非辐射的，假设氢原子中的电子速率是非相对论性的，光速 c 与此无关. 因此，量纲常数 m_e、e、ε_0 和 h 构成了描述玻尔氢原子的列表.

在其他量中，玻尔模型确定了表征氢原子空间范围的基态轨道半径 r_1. 量纲分析确定 r_1 如何依赖于 m_e、e、ε_0 和 h. 这些符号及其描述和量纲公式见表6.3.

表　6.3

符　号	描　述	量 纲 公 式
r_1	玻尔半径	L
m_e	电子质量	M
e	电子的电荷量	Q
ε_0	真空介电常数	$M^{-1}L^{-3}T^2Q^2$
h	普朗克常数	ML^2T^{-1}

由于此表包含以 4 个强制量纲表示的 5 个基本量纲常数，那么应该只有 1 个无量纲积，设其形式为 $r_1 m_e^\alpha e^\beta \varepsilon_0^\gamma h^\delta$. 指数 α、β、γ 和 δ 满足使 $r_1 m_e^\alpha e^\beta \varepsilon_0^\gamma h^\delta$ 为无量纲. 因此，

$$[r_1 m_e^\alpha e^\beta \varepsilon_0^\gamma h^\delta] = LM^\alpha Q^\beta (M^{-1}L^{-3}T^2Q^2)^\gamma (ML^2T^{-1})^\delta$$
$$= L^{1-3\gamma+2\delta}M^{\alpha-\gamma+\delta}Q^{\beta+2\gamma}T^{2\gamma-\delta} \tag{6.12}$$

意味着

$$L: 1-3\gamma+2\delta=0 \tag{6.13a}$$
$$M: \alpha-\gamma+\delta=0 \tag{6.13b}$$
$$Q: \beta+2\gamma=0 \tag{6.13c}$$
$$T: 2\gamma-\delta=0 \tag{6.13d}$$

解得 $\alpha=1$, $\beta=2$, $\gamma=-1$, $\delta=-2$. 因此 $r_1 m_e e^2/(\varepsilon_0 h^2)$ 是无量纲，并且

$$r_1 = C \cdot \frac{\varepsilon_0 h^2}{e^2 m_e} \tag{6.14}$$

其中，C 是无量纲数. 玻尔的简单分析确定了 $C=1/\pi$. 在式 (6.14) 中取 $C=1/\pi$ 的量 r_1 被称为玻尔半径.

上面的量纲分析通常是以不同的方式进行的，其中真空介电常数 ε_0 替换为 $4\pi\varepsilon_0$，普朗克常数 h 替换为它的"约化值" $\hbar[=h/(2\pi)]$，然后产生无量纲积为 $r_1 m_e e^2/(4\pi\varepsilon_0 \hbar^2)$ 并且产生的缩放是

$$r_1 = C' \cdot \frac{4\pi\varepsilon_0 \hbar^2}{e^2 m_e} \tag{6.15}$$

其中，$C' = 1$. 虽然这个结果表明我们应该用 $4\pi\varepsilon_0$ 代替 ε_0，用 $\hbar$ 来代替 h，但我们没有理由相信这种策略总是会产生等于 1 的比例常数.

6.5 原子单位

量纲常数 m_e、e、ε_0 和 h 在力学、静电学和量子物理学的模型中都发挥了作用. 因为原子物理学需要这些学科，$\varepsilon_0 h^2 / (e^2 m_e)$（与原子物理中的玻尔半径成正比）表征了原子物理学中的长度. 同样，时间 $\varepsilon_0^2 h^3 / (e^4 m_e)$（见习题 6.2）、质量 m_e 和电荷 e 也具有类似的特征.

按照经验法则 $N_P = N_V - N_D$ 和瑞利算法可以确定，由 4 个量纲常数 m_e、e、ε_0 和 h 只能得到单位长度，其量纲公式可以用 4 个强制量纲 M、L、T 和 Q 表示. 同样，单位时间也只能来自这 4 个量纲常数. 总之，4 个量纲常数 m_e、e、ε_0 和 h 可以产生 4 个唯一的基本特征：长度 $\varepsilon_0 h^2 / (e^2 m_e)$、时间 $\varepsilon_0^2 h^3 / (e^4 m_e)$、质量 m_e 和电荷 e. 这些构成了我们称之为单位或标度的特征系统——原子大小的单位的标度. 表 6.4 给出了该标度的要素、公式以及它们在国际单位制中的数值（保留三位有效数字）.

表 6.4

原子标度			
属性	符号	大小	描述
质量	m_e	$9.11 \times 10^{-31}\,\text{kg}$	电子质量
长度	$\varepsilon_0 h^2 / (e^2 m_e)$	$1.67 \times 10^{-10}\,\text{m}$	玻尔半径
时间	$\varepsilon_0^2 h^3 / (e^4 m_e)$	$3.82 \times 10^{-17}\,\text{s}$	玻尔半径上的电子轨道周期
电荷	e	$1.60 \times 10^{-19}\,\text{C}$	电子的电荷量

尽管原子物理学家们花了很大的精力来计算 m_e、e、ε_0 和 h，他们有时也会走捷径，把每一个都设置成单位元，也就是说，令 $m_e = 1$、$e = 1$、$\varepsilon_0 = 1$ 和 $h = 1$. 这样做的效果是，以这种方式产生的所有质量

都是以 m_e 为单位的．例如，$m_p = 1836$，即 $m_p = 1836 m_e$．此外，所有长度都是以 $\varepsilon_0 h^2 / (e^2 m_e)$ 为单位，所有时间都是以 $\varepsilon_0^2 h^3 / (e^4 m_e)$ 为单位，所有的电荷量都是 e．

6.6 实例：量子理想气体

如果气体的粒子在一段距离内或通过一个场时之间不相互作用，那么它就是理想气体．我们已经知道经典的理想气体状态方程 $p = (N/V) k_B T$ 与压强 p、粒子密度 N/V 和绝对温度 T 有关，其中 k_B 是玻尔兹曼常数．那么量子效应是如何修改这个状态方程的？

当然普朗克常数 h 也应该被纳入到 $p = (N/V) k_B T$ 的任何量子版本．但是，瑞利算法应用于 4 个量纲和常数（p、N/V、$k_B T$ 和 h），而这些量纲以 3 个强制量纲 M、L 和 T 来表示，精确地生成了无量纲积 $pV/(N k_B T)$．

也许我们忽略了一些量纲变量或常数，它们有效地发挥了普朗克常数 h 的作用．由于定义中没有力场起作用，因此不涉及量纲常数 G、ε_0、μ_0 和 e．因为我们将模型粒子限制在非相对论速率，光速 c 也不例外．这里只考虑了理想气体粒子的质量 m．回顾过去，我们可能会惊讶于 m 没有出现在经典的状态方程 $p = (N/V) k_B T$ 中（见 1.7 节）．

因此，我们允许量子理想气体的压强 p 依赖于 N/V、$k_B T$、h 和 m．表 6.5 给出了这 5 个符号及其描述和量纲公式．

表 6.5

符　号	描　述	量纲公式
p	压强	$ML^{-1}T^{-2}$
N/V	数量密度	L^{-3}
$k_B T$	玻尔兹曼常数与绝对温度的乘积	$ML^2 T^{-2}$
h	普朗克常数	$ML^2 T^{-1}$
m	粒子质量	M

相应地，$N_V = 5$，$N_D = 3$. 因此，根据经验法则 $N_P = N_V - N_D$，我们希望瑞利算法生成两个无量纲积，一个是我们已经知道的 $pV/(Nk_BT)$，其中指数满足使 $p(N/V)^\alpha(k_BT)^\beta h^\gamma m^\delta$ 为无量纲.

$$[p(N/V)^\alpha(k_BT)^\beta h^\gamma m^\delta] = (ML^{-1}T^{-2})L^{-3\alpha}(ML^2T^{-2})^\beta(ML^2T^{-1})^\gamma M^\delta$$
$$= M^{1+\beta+\gamma+\delta}L^{-1-3\alpha+2\beta+2\gamma}T^{-2-2\beta-\gamma} \qquad (6.16)$$

有

$$M：1+\beta+\gamma+\delta = 0 \qquad (6.17a)$$
$$L：-1-3\alpha+2\beta+2\gamma = 0 \qquad (6.17b)$$
$$T：-2-2\beta-\gamma = 0 \qquad (6.17c)$$

解得 $\beta = -5/2 - 3\alpha/2$，$\gamma = 3 + 3\alpha$，$\delta = -\dfrac{3}{2} - 3\alpha/2$. 因此，$ph^3/[m^{3/2}(k_BT)^{5/2}]$ 和 $(N/V)h^3/(mk_BT)^{3/2}$ 是 2 个无量纲积. 将第一个无量纲积乘以第二个无量纲积的倒数后，结果为 $pV/(Nk_BT)$. 因此，我们记作

$$\frac{pV}{Nk_BT} = f\left(\frac{(N/V)h^3}{(mk_BT)^{3/2}}\right) \qquad (6.18)$$

其中，$f(x)$ 是待定的. 然而，我们知道 $p = (N/V)k_BT$ 必须在消失的普朗克常数 h 的极限内从式（6.18）中恢复.

量子效应在 $(N/V)h^3/(mk_BT)^{3/2} \gg 1$ 的高密度、低温、小质量状态占主导地位，如果将这个（量子）状态下的函数 $f(x)$ 替换为幂律 $f(x) = C \cdot x^n$，则式（6.18）变为

$$\frac{pV}{Nk_BT} = C \cdot \left[\frac{(N/V)h^3}{(mk_BT)^{3/2}}\right]^n \qquad (6.19)$$

其中，C 和 n 是待定的. 我们期望当 $T \to 0$，压强 p 不发散，则 $n \leqslant 2/3$.

特别地，当 $n = 2/3$ 时，式（6.19）变为

$$p = C \cdot \left(\frac{N}{V}\right)^{5/3}\left(\frac{h^2}{m}\right) \qquad (6.20)$$

式（6.20）的结果 $C = \dfrac{(3/\pi)^{2/3}}{20}$ 描述了观察费米－狄拉克统计的粒子气体所施加的简并压力. 根据该统计，同一区域中的任何两个粒

子都不能占据相同的单粒子量子态. 式 (6.20) 也表示了玻色子气体开始转变为凝聚态的临界压力的依赖性. 玻色子是观察玻色 – 爱因斯坦统计的粒子，根据这些统计，任何数量的粒子都可能占据一个单粒子量子态.

当然，量纲分析并不能回答甚至提出一些关键问题，诸如"为什么会存在简并压力?"或者"为什么会存在玻色 – 爱因斯坦凝聚体?"只有更完整的理论才能构建出这些问题的框架，更不用说回答了.

6.7　实例：来自加速电荷的量化辐射

根据 5.3 节的结果，在半径为 r 的圆内以速率 v 移动的电荷 q 所能辐射的电磁波的功率 P 由下式给出：

$$P = C \cdot \frac{q^2 a^2}{\varepsilon_0 c^3} \tag{6.21}$$

式中，$a = v^2/r$ 和 C 是待定的无量纲数. 但我们现在知道，这种电磁能量是以量子或光子形式发射的，在不同的频率 ν 下，每个量子或光子的能量为 $h\nu$. 在这种情况下如何用该理论来修改式 (6.21)?

显然，普朗克常数 h 必须纳入对式 (6.21) 的任何量子修正中. 因此，这个量子修正必须是下列量纲变量和常数之间的关系：辐射功率 P、电荷量 q、加速度 a、真空介电常数 ε_0、光速 c 和普朗克常数 h. 符号及其描述和量纲公式见表 6.6.

表　6.6

符　　号	描　　述	量　纲　公　式
P	辐射功率	ML^2T^{-3}
q	电荷量	Q
a	加速度	LT^{-2}
ε_0	真空介电常数	$M^{-1}L^{-3}T^2Q^2$
c	光速	LT^{-1}
h	普朗克常数	ML^2T^{-1}

既然有 6 个量纲变量和常数，以及 4 个强制量纲，我们就期望能

够得到 2 个形式为 $Pq^\alpha a^\beta \varepsilon_0^\gamma c^\delta h^\varepsilon$ 的无量纲积. 在 5.3 节中,我们已经确定了其中一个 $P\varepsilon_0 c^3/(q^2 a^2)$,另一个则可以由通常的方式找到,指数 α、β、γ 和 δ 使 $Pq^\alpha a^\beta \varepsilon_0^\gamma c^\delta h^\varepsilon$ 为无量纲. 因此,

$$[Pq^\alpha a^\beta \varepsilon_0^\gamma c^\delta h^\varepsilon] = ML^2T^{-3}Q^\alpha (LT^{-2})^\beta (M^{-1}L^{-3}T^2Q^2)^\gamma (LT^{-1})^\delta (ML^2T^{-1})^\varepsilon$$

$$= M^{1-\gamma+\varepsilon}L^{2+\beta-3\gamma+\delta+2\varepsilon}T^{-3-2\beta+2\gamma-\delta-\varepsilon}Q^{\alpha+2\gamma} \qquad (6.22)$$

即

$$M: \ 1-\gamma+\varepsilon = 0 \qquad (6.23a)$$

$$L: \ 2+\beta-3\gamma+\delta+2\varepsilon = 0 \qquad (6.23b)$$

$$T: \ -3-2\beta+2\gamma-\delta-\varepsilon = 0 \qquad (6.23c)$$

$$Q: \ \alpha+2\gamma = 0 \qquad (6.23d)$$

解得 $\alpha = -2$,$\beta = -2$,$\gamma = -\alpha/2 = 1$,$\delta = 2-\alpha/2 = 3$,$\varepsilon = -1-\alpha/2$ $= 0$. 通过这种方式我们找到了两个无纲量积 $Pc^2/(a^2 h)$ 和 $q/\sqrt{\varepsilon_0 ch}$. 通过将第一个无量纲积乘以第二个无量纲积平方的倒数,我们消除了 h,并如预期的那样得到了 $P\varepsilon_0 c^3/(q^2 a^2)$. 第二个独立的无量纲积的平方为 $q^2/(\varepsilon_0 ch)$. 因此,我们记作

$$P = \frac{q^2 a^2}{\varepsilon_0 c^3} \cdot f\left(\frac{q^2}{\varepsilon_0 ch}\right) \qquad (6.24)$$

其中,函数 $f(x)$ 是待定的.

用电子电荷量 e 代替无量纲积 $q^2/(2\varepsilon_0 hc)$ 中的 q 后得到的量被称为精细结构常数,第 7 章将进一步说明. 式(6.24)中的待定函数不容易被发现或表达. 确定 $f(x)$ 的一种方法是利用精细结构常数 $e^2/(2\varepsilon_0 hc)[\approx 0.007]$ 的幂来展开 P 的半经典(半量子)表达式[24].

基本概念

量子化状态或过程的量纲模型必须包括被称为普朗克常数 h 的量纲常数.

6.8 习题

6.1 **基态能量**. 本题与 6.4 节有关. 确定氢原子基态能量 E_1 如何依赖于相关的量纲常数.

6.2 原子时间单位.

（a）用瑞利算法证明：只具有时间量纲的量 $\varepsilon_0^2 h^3/(e^4 m_e)$ 可由基本常数 m_e、e、ε_0 和 h 构成；

（b）证明：这个时间等于普朗克常数除以习题 6.1 中得到的能量.

6.3 理想气体. 证明：如 6.6 节所述，将瑞利算法应用于量纲变量和常数 p、N/V、$k_B T$ 和 h 后，可以生成一个无量纲积 $pV/(Nk_B T)$.

第 7 章

量纲宇宙学

7.1 基本量纲常数

到目前为止，我们所探索的每一门学科，如力学、流体力学、热物理学、电动力学和量子物理中，都引入了一个或多个基本的量纲常数：万有引力常数 G、玻尔兹曼常数 k_B、真空介电常数 ε_0、光速 c、电子电荷量 e、电子质量 m_e 和普朗克常数 h. 这些学科包含了我们对物理世界所知晓的大部分内容，这些基本常数量化了这些知识. 表 7.1 给出了这七个常量的名称、符号、国际单位制数值（保留三位有效数字）以及它们的量纲公式[⊖].

表 7.1

名称	符号	国际单位值	量纲公式
万有引力常数	G	6.67×10^{-11}	$M^{-1}L^3T^{-2}$
玻尔兹曼常数	k_B	1.38×10^{-23}	$ML^2T^{-2}\Theta^{-1}$
真空介电常数	ε_0	8.85×10^{-12}	$M^{-1}L^{-3}T^2Q^2$
光速	c	3.00×10^8	LT^{-1}
电子电荷量	e	1.60×10^{-19}	Q
电子质量	m_e	9.11×10^{-31}	M
普朗克常数	h	6.63×10^{-34}	ML^2T^{-1}

⊖ 这里已经用真空介电常数 ε_0 和光速 c 来代替电磁常数 ε_0 和 μ_0. 给定 $c = 1/\sqrt{\varepsilon_0\mu_0}$，三个常数 ε_0、μ_0 和 c 中只有两个是独立的. 因此，在任何一个描述中只需要两个常数.

　　值得注意的是，这些常数通过它们的量纲公式以构成量纲结构或宇宙学的方式相互联系．在这里，广泛地使用了"宇宙学"这个词来表示宇宙的一般结构、元素和规律．本章试图揭示宇宙学的奥秘．虽然这有可能是不全面的和浅显的，但这些结果可以通过量纲分析方法得到．其他方法可能会让我们走得更远，但是量纲分析却能使我们接近区分已知和未知的边界．

7.2　埃丁顿 – 狄拉克数

　　我们以两种方法简化了初始的研究，第一种方法是考虑从中消去玻尔兹曼常数 k_B，第二种方法则是专注于经典物理学的量纲结构．从表 7.1 可以看出，温度的量纲 Θ 仅出现在玻尔兹曼常数 k_B 中．因此，k_B 不能与其他常量一起被纳入到无量纲积，而确定这些无量纲积是我们的首要任务．

　　当然，玻尔兹曼常数 k_B 也有其用途．玻尔兹曼常数 k_B 除了可以将温度的量纲 Θ 转换成能量 ML^2T^{-1} 的量纲（反之亦然）之外，还提供了熵的量纲公式．毕竟，一个孤立系统的统计熵 S 由 $S = k_B \ln \Omega$ 给出，其中 Ω 是该系统可获得的微观状态数．因此，$[S] = [k_B] = ML^2T^{-2}\Theta^{-1}$．

　　把玻尔兹曼常数 k_B 和非经典普朗克常数 h 从基本常数的列表中去掉后，剩余的 5 个经典常数（即 G、ε_0、c、e 和 m_e）描述了万有引力、静电和电磁相互作用以及电子的性质．因为这 5 个常数是以 4 个强制量纲 M、L、T 和 Q 命名的，所以根据经验法则，它们之间应产生 1 个无量纲积．由瑞利算法很容易得到无量纲积：$e^2/(\varepsilon_0 G m_e^2)$．

　　相距为 r 的两个电子可以解释其含义．这两个电子以静电力 $e^2/(4\pi\varepsilon_0 r^2)$ 相互排斥，并以引力 Gm_e^2/r^2 相互吸引．因此，比例 $e^2/(4\pi\varepsilon_0 G m_e^2)$ ［更简单的形式为 $e^2/(\varepsilon_0 G m_e^2)$］表征了这两种力的相对强度．比值为

$$\frac{e^2}{4\pi\varepsilon_0 G m_e^2} = 4.16 \times 10^{42} \tag{7.1}$$

埃丁顿（Arthur Eddington，1882—1944）和狄拉克（Paul Dirac，1902—1984）着迷于这个比值. 埃丁顿注意到10^{42}大约是可观测宇宙中原子数量的平方根，而狄拉克则发现10^{42}大约是以经典时间单位$e^2/(\varepsilon_0 m_e c^3)$表示的宇宙年龄. 埃丁顿和狄拉克以这些相关性作为推测的依据，尽管有趣，但这些推测并未产生效果. 即便如此，我们还是将比值$e^2/(4\pi\varepsilon_0 Gm_e^2)$称为埃丁顿–狄拉克比值，以此来纪念他们的努力.

当埃丁顿–狄拉克比值$e^2/(4\pi\varepsilon_0 Gm_e^2)$较大时，说明静电力比引力强很多. 引力支配着宇宙的宏观结构，这是因为大量的正负电荷趋向于相互抵消. 静电学则支配着宇宙的微观结构. 这两种力量结合在一起，使得宇宙有可能出现从原子到活的有机体，再到星系的各种令人惊叹的结构.

埃丁顿–狄拉克比值的一个结果是量纲等效：

$$[e^2/\varepsilon_0] = [Gm_e^2] \tag{7.2}$$

或写作$[e^2] = [\varepsilon_0 Gm_e^2]$和$[\varepsilon_0] = [e^2/(Gm_e^2)]$. 例如，我们可以在任何条件下用$e^2/\varepsilon_0$替换$Gm_e^2$，并保留该条件的量纲公式. 当然，在这样做的时候，我们把它的数值扩大了10^{42}倍.

7.3 实例：万有引力静电质量

由三个基本常数e、ε_0和G组成的质量量纲是什么？由量纲等效式（7.2），即$[e^2/\varepsilon_0] = [Gm_e^2]$可知道答案. 如果$[e^2/\varepsilon_0] = [Gm_e^2]$，那么有$[e^2/\varepsilon_0] = [G][m_e^2]$或$[e^2/\varepsilon_0] = [G][m_e]^2$. 故得$[m_e] = [e/\sqrt{G\varepsilon_0}]$. 因此，$e/\sqrt{G\varepsilon_0}$具有质量量纲，即带电荷量$e$的球形粒子的质量，其引力足以平衡其静电自斥力. 称$e/\sqrt{G\varepsilon_0}$为万有引力静电质量.

7.4 实例：经典电子半径

由基本常数m_e、e、ε_0和c组成的长度量纲是什么？由于埃丁顿－狄拉克比值不包含光速 c，因此不能用基于无量纲积的量纲等效式（7.2）来处理这个问题.

相反，用 l 表示所要求的长度. 给定的 5 个量纲 l、m_e、e、ε_0 和 c 是用 4 个强制量纲 M、L、T 和 Q 表示的，如表 7.2 所示，对这些量应用瑞利算法应产生 1 个无量纲积.

表　7.2

符　　号	描　　述	量 纲 公 式
l	特征长度	L
m_e	电子质量	M
e	电子电荷量	Q
ε_0	真空介电常数	$M^{-1}L^{-3}T^2Q^2$
c	光速	LT^{-1}

在这种情况下，其实不需要用瑞利算法来求无量纲积. 只要简单地用其他常数的幂来乘或除 ε_0，直到结果无量纲为止. 以这种方式得到的无量纲积是 $lm_e\varepsilon_0c^2/e^2$，因此 $e^2/(\varepsilon_0 m_e c^2)$ 具有长度量纲. 除了无量纲因子外，这个长度还是一个球形电子的半径 r，该电子的静电势能大约为 $e^2/(4\pi\varepsilon_0 r)$，等于它的静止能量. 这样得到的长度 $e^2/(4\pi\varepsilon_0 m_e c^2)$ 等于 2.81×10^{-15} m，有时称它为经典电子半径.

7.5　经典标度

从 5 个经典的基本量纲常数 G、ε_0、c、e 和 m_e 中，我们选择以下 4 个量 ε_0、c、e 和 m_e 来构成 $e^2/(\varepsilon_0 m_e c^2)$，即使用长度量纲表示的经典电子长度. 我们也可以将这个长度 $e^2/(\varepsilon_0 m_e c^2)$ 除以光速 c 得到时间 $e^2/(\varepsilon_0 m_e c^3)$. 瑞利算法表明，这些是唯一使用长度和时间量纲的量，是 ε_0、c、e 和 m_e 的组合.

长度、时间、电子质量 m_e 和电荷 e，形成了一组具有量纲 M、L、T 和 Q 的四个数. 习惯上把这组量称为标度，在本例中称为经典标度[⊖]. 表7.3列出了这些量在国际单位制中的数值,并保留三位有效数字.

表 7.3

		经典标度	
质量	m_e	$9.11 \times 10^{-31}\,\mathrm{kg}$	电子质量
长度	$\dfrac{e^2}{\varepsilon_0 m_e c^2}$	$3.53 \times 10^{-14}\,\mathrm{m}$	经典电子半径
时间	$\dfrac{e^2}{\varepsilon_0 m_e c^3}$	$1.18 \times 10^{-22}\,\mathrm{s}$	光穿过经典电子半径的时间
电荷	e	$1.60 \times 10^{-19}\,\mathrm{C}$	电子电荷量

其他经典的质量、长度、持续时间和电荷也可以以类似的方式得到,也就是说,将瑞利算法应用于从5个经典常量(G、ε_0、c、e和m_e)中提取的其他4个量纲常数:总共有 5! /(4!×1!) =5 个这样的经典标度. 在7.7节表7.4的前五行列出了这些标度.

7.6 精细结构常数

将普朗克常数 h 恢复为经典的量纲常数(不包括玻尔兹曼常数 k_B)便构成了6个基本量纲常数组:G、ε_0、c、e、m_e 和 h,因为它们的量纲公式是用4个导出量纲 M、L、T 和 Q 表示的,所以它们可以组合成2个无量纲积. 我们知道,其中之一与埃丁顿 – 狄拉克比值 $e^2/(4\pi\varepsilon_0 Gm_e^2)$ 成比例,另一个则是在第 6.7 节中曾提到的 $e^2/(\varepsilon_0 hc)$. 特殊形式 $e^2/(2\varepsilon_0 hc)$ 称为精细结构常数.

索末菲(Arnold Sommerfeld,1868—1951)观察到,第一玻尔轨道上的电子速率与光速之比是精细结构常数. 但精细结构常数也有另外一个含义. 因为它正比于距离为 d 的两个电子的势能,即 $e^2/$

⊖ 经典标度有些用词不当,因为我们马上会看到,有五个标度仅仅由经典的、基本的量纲常数组成. 人们总是可以在经典的或由质量、长度和时间组成的任何其他标度上定义特征温度,其大小由能量的量纲公式 $\mathrm{ML^2 T^{-2}}$ 除以玻尔兹曼常数 k_B 来定义.

$(4\pi\varepsilon_0 d)$，正比于波长为 d 的光子的能量，即 hc/d，所以精细结构常数可以调节电子和光子的相互作用．事实上，$e^2/(2\varepsilon_0 hc)$ 是麦克斯韦方程的推广，称为量子电动力学（Quantum Electrodynamics）或 QED，其中包括了电子和光子相互作用．

最初认为，精细结构常数的精确值是 1/137．因此，包括泡利（Wolfgang Pauli，1900—1958）在内的一些物理学家都在寻求这个特殊的整数 137 的含义．事实上，泡利在这方面所做的努力失败了，在去世前不久，他还恶作剧般地向一位来访者指出了他的病房号是 137．我们现在知道，精细结构常数约为 1/137．其倒数的值保留 12 位小数后是 137.035999139．因为式（7.3）中只保留三位有效数字，所以数字 137 是一种用来记住精细结构常数值的简便方法．

$$\frac{e^2}{2\varepsilon_0 hc} = \frac{1}{137} = 0.00730 \qquad (7.3)$$

没有人能够推导出埃丁顿 - 狄拉克比值或精细结构常数的数值．相反，必须测量这些无量纲积或其组成量纲的常数．然而，有些物理学家却认为，直到所有基本量纲常数的值都能从一些非常深奥的原理中推导出来，物理学的任务才算完成．

精细结构常数 $e^2/(2\varepsilon_0 hc)$ 提供了一种用量纲 M、L、T 和 Q 来生成包含普朗克常数 h 在内的量纲的方法，这些量纲量可以包含或不包含普朗克常数 h．人们使用如下量纲等价关系式

$$[e^2/\varepsilon_0] = [hc] \qquad (7.4)$$

或写作 $[e^2] = [\varepsilon_0 hc]$ 和 $[c] = [e^2/(h\varepsilon_0)]$．将经典量转换为含有普朗克常数 h 的量子数，参见第 7.9 节．

7.7　15 个标度

从 6 个基本量纲常数的集合 G、ε_0、c、e、m_e 和 h 中，不考虑顺序地取出 4 个，有 $6! / (4! \times 2!) = 15$ 组不同的方式．对这 15 组（4 个常数为一组）中的每一个量使用瑞利算法，我们用量纲 M、L、T 和 Q 推出了常数．

当然，瑞利算法只有在这个量存在时才能得到一个特定的量．偶尔也存在无法得到的情况．例如，由于 4 个常量 G、m_e、c 和 h 的量纲公式中不包含量纲 Q，因此瑞利算法无法由这些常量得到带有量纲 Q 的量．因此，这个由 4 个可能量纲量组成的特殊集合仍然不完整．

由 4 个基本量纲常数推导出的 15 组量纲数中的每一组都构成一个标度．表 7.4 中列出的 15 个标度包括经典的和量子的，完整的和不完整的（"～"表示大小的数量级数）．其中三个被赋予了特殊的名称：基于 m_e、e、ε_0、c 的经典标度，基于 m_e、e、ε_0、h 的原子标度，以及基于 G、ε_0、c、h 的普朗克标度．参与每个量纲组合的是其值（以国际单位表示），并且精确到最接近的数量级．

表 7.4

常数	质量/kg	长度/m	时间/s	电荷量 C
G, m_e, e, ε_0	$m_e \sim 10^{-30}$			$e \sim 10^{-19}$
	$\sqrt{e^2/(\varepsilon_0 G)} \sim 10^{-8}$			$\sqrt{Gm_e^2\varepsilon_0} \sim 10^{-41}$
G, m_e, ε_0, c	$m_e \sim 10^{-30}$	$\dfrac{Gm_e}{c^2} \sim 10^{-57}$	$\dfrac{Gm_e}{c^3} \sim 10^{-66}$	$\sqrt{Gm_e^2\varepsilon_0} \sim 10^{-41}$
G, m_e, e, c	$m_e \sim 10^{-30}$	$\dfrac{Gm_e}{c^2} \sim 10^{-57}$	$\dfrac{Gm_e}{c^3} \sim 10^{-66}$	$e \sim 10^{-19}$
G, e, ε_0, c	$\sqrt{e^2/(\varepsilon_0 G)} \sim 10^{-8}$	$\sqrt{\dfrac{Ge^2}{\varepsilon_0 c^4}} \sim 10^{-36}$	$\sqrt{\dfrac{Ge^2}{\varepsilon_0 c^4}} \sim 10^{-44}$	$e \sim 10^{-19}$
m_e, e, ε_0, c 经典标度	$m_e \sim 10^{-30}$	$\dfrac{e^2}{\varepsilon_0 m_e c^2} \sim 10^{-14}$	$\dfrac{e^2}{\varepsilon_0 m_e c^3} \sim 10^{-22}$	$e \sim 10^{-19}$
G, m_e, e, h	$m_e \sim 10^{-30}$	$\dfrac{h^2}{Gm_e^3} \sim 10^{34}$	$\dfrac{h^3}{Gm_e^5} \sim 10^{71}$	$e \sim 10^{-19}$
G, m_e, ε_0, h	$m_e \sim 10^{-30}$	$\dfrac{h^2}{Gm_e^3} \sim 10^{34}$	$\dfrac{h^2}{Gm_e^5} \sim 10^{71}$	$\sqrt{Gm_e^2\varepsilon_0} \sim 10^{-41}$
G, m_e, c, h	$m_e \sim 10^{-30}$	$\dfrac{h}{m_e c} \sim 10^{-12}$	$\dfrac{h}{m_e c^2} \sim 10^{-20}$	
	$\sqrt{ch/G} \sim 10^{-7}$			
G, e, ε_0, h	$\sqrt{e^2/(\varepsilon_0 G)} \sim 10^{-8}$	$\dfrac{\varepsilon_0^{3/2} h^2 G^{1/2}}{e^3} \sim 10^{-32}$	$\dfrac{\varepsilon_0^{5/2} h^3 G^{1/2}}{e^5} \sim 10^{-38}$	$e \sim 10^{-19}$
m_e, e, ε_0, h 原子标度	$m_e \sim 10^{-30}$	$\dfrac{\varepsilon_0 h^2}{m_e e^2} \sim 10^{-10}$	$\dfrac{\varepsilon_0 h^2}{m_e e^2} \sim 10^{-10}$	$e \sim 10^{-19}$

（续）

常数	质量/kg	长度/m	时间/s	电荷量 C
G, e, c, h	$\sqrt{ch/G} \sim 10^{-7}$	$\sqrt{Gh/c^3} \sim 10^{-35}$	$\sqrt{Gh/c^5} \sim 10^{-43}$	$e \sim 10^{-19}$
m_e, e, c, h	$m_e \sim 10^{-30}$	$\dfrac{h}{m_e c} \sim 10^{-12}$	$\dfrac{h}{m_e c^2} \sim 10^{-20}$	$e \sim 10^{-19}$
G, ε_0, c, h 普朗克标度	$\sqrt{ch/G} \sim 10^{-7}$	$\sqrt{Gh/c^3} \sim 10^{-35}$	$\sqrt{Gh/c^5} \sim 10^{-43}$	$\sqrt{\varepsilon_0 ch} \sim 10^{-18}$
m_e, ε_0, c, h	$m_e \sim 10^{-30}$	$\dfrac{h}{m_e c} \sim 10^{-12}$	$\dfrac{h}{m_e c^2} \sim 10^{-20}$	$\sqrt{\varepsilon_0 ch} \sim 10^{-18}$
e, ε_0, c, h				$e \sim 10^{-19}$ $\sqrt{\varepsilon_0 ch} \sim 10^{-18}$

注：1. 表中与经典电子半径、经典持续时间和普朗克质量、长度、时间和电荷成比例的量忽略了 4π 和 2 的因子，这些因子包含在它们的惯用定义中.

2. 当然，从表征量的任何一个完整标度来看，许多其他的量都可以通过组合推导出来. 例如，给定一个质量、长度、时间和电荷的特征，就可以得出速度、动量、动能、角动量、电流、磁矩等特征.

3. 请注意，这 15 个标度中有 3 个是不完整的. 这三个不完整标度的基本常数依次组合，G、m_e、e 和 ε_0 形成爱丁顿 – 狄拉克数 $e^2/(\varepsilon_0 Gm_e^2)$，$e$、$\varepsilon_0$、$c$ 和 h 形成精细结构常数 $e^2/(\varepsilon_0 hc)$，它们的商 $ch/(Gm_e^2)$ 由 G、m_e、c 和 h 得到. 正是这些无量纲积的存在才减少了包含在每个不完全标度中的特征量的数量.

7.8　普朗克标度

普朗克（1858—1947）对后来被称为普朗克标度单位[⊖]的"自然性"很感兴趣[25]. 不同于广泛使用的国际单位（高斯单位）或其他单位，普朗克单位不依赖于像千克这样任意选择的量度的性质，也不依赖于任何一个粒子的性质. 量纲公式和构成普朗克标度的数量值如表 7.5 所示. 普朗克标度是 15 种可能的标度之一，其中普朗克常数 h 出现在所有四个特征量中.

⊖ 在普朗克质量、长度、时间和电荷的定义中，普朗克常数 h 常被约化普朗克常数 $\hbar\, [=h/(2\pi)]$ 替换，而 ε_0 则常被 $4\pi\varepsilon_0$ 替换.

表 7.5

普朗克标度		
质量	$\sqrt{\dfrac{ch}{G}}$	$2.18 \times 10^{-8}\,\mathrm{kg}$
长度	$\sqrt{\dfrac{Gh}{c^3}}$	$1.62 \times 10^{-35}\,\mathrm{m}$
时间	$\sqrt{\dfrac{Gh}{c^5}}$	$5.39 \times 10^{-44}\,\mathrm{s}$
电荷	$\sqrt{\varepsilon_0 ch}$	$1.33 \times 10^{-18}\,\mathrm{C}$

普朗克标度中的量是引力和量子效应相互作用的量，因此可以用这些术语来解释. 例如，普朗克长度 $\sqrt{Gh/c^3}$ 是施瓦西半径 mG/c^2 和质量为 m 的物体的康普顿长度 $h/(mc)$ 的几何平均值. 其中，施瓦西半径 mG/c^2 是质量为 m 的球，当其逃逸速度达到光速 c 时的半径，而康普顿波长 $h/(mc)$ 是具有动量 mc 的物体的德布罗意波长，这里和其他地方的 m 均指任意静止质量. 普朗克时间 $\sqrt{Gh/c^5}$ 是光经过普朗克长度所需的时间. 另外，普朗克质量 $\sqrt{ch/G}$ 是其康普顿波长 $h/(mc)$ 等于普朗克长度 $\sqrt{Gh/c^3}$ 的物体的质量. 普朗克电荷 $\sqrt{\varepsilon_0 ch}$ 是使两个带有异号电荷的粒子拥有足够的能量分开距离 d（等于光子的波长 hc/d）时所带的电荷量，即 $hc/d = e^2/\varepsilon_0 d$.

7.9 实例：普朗克质量

普朗克质量 $\sqrt{ch/G}$ 很容易从电子质量 m_e 中导出，这是通过使用内置于到埃丁顿 – 狄拉克比值 $e^2/(4\pi\varepsilon_0 G m_e^2)$ 和精细结构常数 $e^2/(2\varepsilon_0 hc)$ 中的量纲等价量得到的. 特别是，我们由埃丁顿 – 狄拉克比值得出等价关系 $[m_e] = [\sqrt{e^2/(\varepsilon_0 G)}]$ 来确定质量 $\sqrt{e^2/(\varepsilon_0 G)}$. 然后，使用从精细结构常数导出的等价关系 $[e^2/\varepsilon_0] = [hc]$ 来得到普朗克质量 $\sqrt{ch/G}$. 有趣的是，与普朗克长度（ $\sim 10^{-35}\,\mathrm{m}$ ）和普朗克时间

（ $\sim 10^{-43}$ s ）相比，普朗克质量（ $\sim 10^{-8}$ kg ）在标度里是相对较大的．普朗克质量成为衡量质量最好的数字天平．

7.10　22 个数量

7.6 节表 7.4 中的 60（ $= 15 \times 4$ ）个位置中有 22 个是独一无二的．这 22 个独特的量中的每一个都可以用某种相互作用（引力、静电和电磁）、某些效应（量子力学）和某些粒子特性（电子电荷和质量）来解释．

以 M、L、T 和 Q 的量纲对 22 个量划分类别，创建出数量级的序列．质量的单位是千克，从最大到最小分别为

$$10^{-7}, \ 10^{-8} \text{和} 10^{-30}.$$

长度的单位是米，从最大到最小分别为

$$10^{34}, \ 10^{-10}, \ 10^{-12}, \ 10^{-14}, \ 10^{-32}, \ 10^{-35}, \ 10^{-36} \text{和} 10^{-57}.$$

持续时间的单位是秒，从最大到最小分别为

$$10^{71}, \ 10^{-17}, \ 10^{-20}, \ 10^{-22}, \ 10^{-38}, \ 10^{-43}, \ 10^{-44} \text{和} 10^{-66}.$$

最后，电荷量的单位是库仑，从最大到最小分别为

$$10^{-18}, \ 10^{-19} \text{和} 10^{-41}.$$

这些数字中，特别大和特别小的数字会引起人们的注意．例如，电子的电荷量是 $\sqrt{G m_{\mathrm{e}}^2 \varepsilon_0}$（ $\sim 10^{-41}$ C）的 10^{21} 倍．这里的 $\sqrt{G m_{\mathrm{e}}^2 \varepsilon_0}$ 是质量为 m_{e} 的球形粒子的电荷量，其排斥的自静电力和吸引的自引力是相等的——一个引力静电电荷．

长度 $h^2/(G m_{\mathrm{e}}^3)$（ $\sim 10^{34}$ m）是可观测宇宙（ $\sim 10^{26}$ m）大小的 10^8 倍．这个距离是两个不带电的物体 m_{e} 的距离，每个物体都可以借助引力从静止的"无穷远"处牵引至等于它们的德布罗意波长．相反，非常小的长度 $G m_{\mathrm{e}}/c^2$（ $\sim 10^{-57}$ m）则是电子质量物体的施瓦西半径．

更令人吃惊的是持续时间 $h^3/(G^2 m_{\mathrm{e}}^5)$（ $\sim 10^{71}$ s）至少是宇宙年龄（ $\sim 4 \times 10^{17}$ s）的 10^{56} 倍．根据海森堡不确定性原理，这个持续时间 $h^3/(G^2 m_{\mathrm{e}}^5)$ 是质量为 m_{e}、半径为 $h^2/(G m_{\mathrm{e}}^3)$ 的引力球的量子寿命．所谓的"量子寿命" $h^3/(G^2 m_{\mathrm{e}}^5)$ 是指具有能量 ΔE（ $= G^2 m_{\mathrm{e}}^5/h^2$ ）的物体

的最长寿命 Δt，根据海森堡不确定性原理 $\Delta t \cdot \Delta E \leqslant h$，它可以波动而存在.

其他的量则无法形象地解释. 例如，$h/(m_e c)$（$\sim 10^{-12}$m）是电子的康普顿波长，$h/(m_e c^2)$（$\sim 10^{-20}$s）则是光穿过该波长所需的时间.

在本章中，我们只使用量纲分析的方法来揭示无量纲积、量纲标度和数量. 正如我们所知道的那样，量纲分析只能带我们走到这一步，无法更进一步. 因此，这些无量纲积、量纲标度和数量可能看起来更像是输入量，而非完整的量纲宇宙学的实质.

基本概念

6 个基本常数 G、ε_0、c、e、m_e 和 h 可以产生两个无量纲积，即埃丁顿 - 狄拉克数 $e^2/(4\pi\varepsilon_0 Gm_e^2)$ 和精细结构常数 $e^2/(2\varepsilon_0 hc)$. 这 6 个常数还可以产生具有质量、长度、时间和电荷量纲的量，而这些量在构成各种力（引力和电磁力）、量子效应和基本粒子相互作用的性质中构成标度.

7.11 习题

7.1 埃丁顿 - 狄拉克数

（a）将瑞利算法应用于基本的、经典的量纲常数 G、ε_0、μ_0、e、m_e 的集合来导出无量纲积 $e^2/(\varepsilon_0 Gm_e^2)$；

（b）使用 7.1 节表 7.1 中的量纲公式验证 $e^2/(\varepsilon_0 Gm_e^2)$ 是无量纲的.

7.2 精细结构常数. 利用 7.1 节表 7.1 中的量纲公式证明：精细结构常数 $e^2/(2\varepsilon_0 hc)$ 是无量纲的.

7.3 普朗克标度. 按照 7.9 节介绍的方法，通过替换内置于埃丁顿 - 狄拉克数 $e^2/(4\pi\varepsilon_0 Gm_e^2)$ 和精细结构常数 $e^2/(2\varepsilon_0 hc)$ 中的量纲等价量，从经典电子长度 $h/(m_e c)$、时间 $h/(m_e c^2)$ 和电荷 e 导出普朗克长度、时间和电荷.

7.4 电子标度和光速标度. 根据 7.8 节，"普朗克标度是 15 个标度中唯一的一个普朗克常数 h 出现在所有 4 个特征量中的标度".

但是还有其他的标度，其中一个特定的基本常数出现在所有 4 个特征量中.

（a）确定两个称为"电子质量标度"的标度，因为 m_e 出现在所有 4 个特征量中；

（b）确定两个称为"电子电荷标度"的标度；

（c）确定一个称为"光速标度"的标度.

附　录

习题答案

1.1　$\pi_1 = \rho c^3/(h\nu^3)$，$\pi_2 = h\nu/(k_B T)$.

1.2　$f = C \cdot v/r$.

1.3　$a = C \cdot v^2/r$.

1.4　(c) $v \propto \sqrt{l}$；(d) 对于长度为 1m 的一条腿，$v^2/(gl) = 0.2$.

1.5　$\Delta t = C \cdot l\sqrt{\lambda/\tau}$.

1.6　(a) $\pi_1 = G\rho\Delta t^2$，$\pi_2 = \rho R^3/m$；(b) $\pi = \rho G\Delta t^2$，$\Delta t = C/\sqrt{\rho G}$.

2.1　$[G] = M^{-1}L^3T^{-2}$.

2.2　(b) $p = G\rho^2 R^2 \cdot f(r/R)$.

2.3　$\omega^* = C \cdot \sqrt{\rho G}$.

2.4　$v = C \cdot \sqrt{MG/R}$.

2.5　$v = C \cdot \sqrt{\tau/\rho}$.

2.6　(a) $D = C \cdot \rho r^2 v^2$；(b) $v = C' \cdot \sqrt{mg/\rho r^2}$.

2.7　$\omega = C \cdot \sqrt{Kl/m}$.

2.9　$R = C \cdot E^{1/5} t^{2/5}/\rho^{1/5}$.

3.1　略

3.2　$\omega = C \cdot \sqrt{\sigma/(\rho V)}$.

3.3　h/d 和 $\sigma/(\rho g d^2)$，或等价地，$h = d \cdot f(\sigma/\rho g d^2)$，其中 $f(x)$ 是待定函数.

3.4　$t = C \cdot \mu r^2/(mg)$.

3.5　(a) $\pi_1 = \Delta t(\rho g^2/\mu)^{1/3}$，$\pi_2 = lg^{1/2}/\mu$；

(b) $\Delta t = (\mu/\rho g^2)^{1/3} \cdot f(l\rho g^{1/2}/\mu)$.

3.6　$m = C \cdot \rho v^6/g^3$.

3.7　$\pi_1 = \rho\sigma^3/(\mu^4 g)$、$\pi_2 = v\sigma/g$ 和 $\pi_3 = P\sigma/(\mu^2 g)$，或由此形成的其他 3 个独立无量纲积的完备集.

4.1　$[R] = ML^2T^{-2}\Theta^{-1}$.

4.2　(a) $\lambda = C \cdot \sqrt{D_T/\omega}$；(b) $v = C' \cdot \sqrt{\omega D_T}$.

4.3　无量纲积是 $ql/(k\Delta T)$ 和 vlc/k. 因此，$q = (k\Delta T/l) \cdot f(vlc/k)$，其中 $f(x)$ 是待定函数.

5.1　$\omega = C \cdot \sqrt{pE/I}$.

5.2　(a) 无量纲积是 $Ed^2\varepsilon_0/q$ 和 v/c. 因此，$E = [q/(d^2\varepsilon_0)] \cdot f(v/c)$，其中 $f(x)$ 是待定函数；

(b) 无量纲积是 $Bd^2\varepsilon_0 c/q$ 和 v/c. 因此，$B = [q/(d^2\varepsilon_0 c)] \cdot g(v/c)$，其中 $g(x)$ 是待定函数.

5.3　$I_{max}/L = R\varepsilon_0^3\Delta V^{7/2}/(e^{3/2} m^{1/2}) \cdot f(e/(s\varepsilon_0\Delta V))$ 和 $I_{max}/L = C \cdot (\varepsilon_0\Delta V^{3/2}/R)\sqrt{e/m}$.

5.4　略

5.5　(a) 无量纲积是 $m\Delta t^2/(\mu_0 I^2)$ 和 $N_L R$；

(b) $\Delta t = \sqrt{\mu_0 I^2/m} \cdot f(N_L R)$. 在典型的箍缩中，$N_L R \gg 1$，$\Delta t = C \cdot \sqrt{\mu_0 I^2/m}$.

5.6

I	电流	(QT^{-1})
R	半径	L
N_L	单位长度的等离子密度	L^{-1}
$k_B T$	玻尔兹曼常数与绝对温度的乘积	$(ML^{-2}T^{-2})L^4$
μ_0	真空介电常数	$(ML^{-2}T^{-2})L^3(T^2Q^{-2})$

6.1　$E_1 = C \cdot m_e e^4/(\varepsilon_0^2 h^2)$.

6.2、6.3　略

7.1、7.2、7.3　略

7.4　(a) "电子质量标度" 基于 G、m_e、ε_0、c 和 G、m_e、ε_0、h；

(b) "电子电荷标度" 基于 G、e、ε_0、c 和 G、e、ε_0、h；

(c) "光速标度" 基于 G、ε_0、c 和 h. "光速标度" 等同于普朗克标度.

参 考 文 献

1. Galileo Galilei, *Two New Sciences*, translated by Henry Crew and Alfonso de Salvio, (Chicago, IL: Encyclopedia Britannica Inc., 1952), p. 187.
2. H. E. Huntley, *Dimensional Analysis* (Mineola, NY: Dover, 1967), p. 33.
3. Joseph Fourier, *The Analytical Theory of Heat*, translated by Alexander Freeman (Mineola, NY: Dover, 1878), Book II, Section IX, Articles 157–162. Fourier closes his discussion of dimensional analysis with the comment that, "On applying the preceding rule to the different equations and their transformations, it will be found that they are homogeneous with respect to each kind of unit, and that the dimension of every angular or exponential quantity is nothing. If this were not the case some error must have been committed in the analysis . . . ."
4. Lord Rayleigh (John William Strutt), The Principle of Similitude. *Nature*, March 18, (1915).
5. Edgar Buckingham, On Physically Similar Systems; Ilustrations of the Use of Dimensional Equations. *Physical Review*, Vol. IV, no. 4, (1915), 345–376.
6. H. L. Langhaar emphasizes this aspect of the π theorem. See his *Dimensional Analysis and Theory of Models* (Hoboken, NJ: Wiley, 1951), p. 18.
7. Edgar Buckingham, On Physically Similar Systems; Ilustrations of the Use of Dimensional Equations. *Physical Review*, Vol. IV, no. 4, (1915), 345–376.
8. This definition reformulates an equivalent one found in E. R. Van Driest, On Dimensional Analysis and the Presentation of Data in Fluid Flow Problems. *J. Applied Mechanics*, Vol. 13, no. 1, (1946) A–34. See also H. L. Langhaar, *Dimensional Analysis and Theory of Models* (Hoboken, NJ: Wiley, 1951), p. 29.
9. The number of effective dimensions N_D is also the "rank of the dimensional matrix" – a mathematical concept exploited in fluid mechanics engineering texts. See, for instance, R. W. Fox, A. T. McDonald, and P. J. Pritchard, *Fluid Mechanics* (Hoboken, NJ: Wiley, 2004), pp. 282–283.
10. The concept, although not the name, of *imposed dimension* originates with Percy Bridgman's highly recommended text *Dimensional Analysis* (New Haven, CT: Yale University Press, 1922). See, in particular, pp. 9–11, 63–66, 67–69, and 77–78. Others, including H. E. Huntley, *Dimensional Analysis,* (Mineola, NY: Dover, 1967), use the concept of imposed dimensions.
11. G. I. Barenblatt, *Scaling, Self-Similarity, and Intermediate Dynamics* (Cambridge, UK: Cambridge University Press, 1996), pp. 18 ff.
12. Hermann Helmholtz, *On the Sensations of Tone 6th Edition* (Gloucester, MA: Peter Smith, 1948), pp. 43–44.
13. Percy Bridgman, *Dimensional Analysis* (New Haven, CT: Yale University Press, 1922), p. 107.
14. G. Taylor, The Formation of a Blast Wave by a Very Intense Explosion. II.

The Atomic Explosion of 1945. *Proceedings of the Royal Society of London. Series A, Mathematical and Physical Sciences*, Vol. 201, No. 1065, (Mar. 22, 1950), 175–186.

15. David C. Lindberg, *The Beginnings of Western Science* (Chicago, IL: University of Chicago Press, 1992), p. 305.

16. See Aristotle, *The Basic Works of Aristotle* editor Richard McKeon, (New York, NY: Random House, 1966) Physics, Book IV, chapter 8, p. 216^a, lines 14–17. See also David C. Lindberg, *The Beginnings of Western Science* (Chicago, IL: University of Chicago Press, 1992), pp. 59–60.

17. R. P. Godwin, The Hydraulic Jump ('Shocks' and Viscous Flow in the Kitchen Sink), *American Journal of Physics* 61 (9), (1993) 829–832.

18. Fridtjof Nansen, *Farthest North* (Edinburgh, UK: Birlinn, 2002), p. 186.

19. C. Vuik, Some Historical Notes on the Stefan Problem, *Nieuw Archief voor Wiskunde*, 4e serie 11 (2), (1993) 157–167.

20. Percy Bridgman, *Dimensional Analysis* (New Haven, CT: Yale University Press, 1922), problem 19, p. 108.

21. Traditionally the "Boussinesq problem." See Percy Bridgman, *Dimensional Analysis* (New Haven, CT: Yale University Press, 1922), pp. 9–11.

22. Lloyd W. Taylor, *Physics: The Pioneer Science* (Mineola, NY: Dover, 1941), pp. 592–593.

23. John Dunmore, *Pacific Explorers: The Life of John Francois de La Perouse 1741–1788* (Palmerston North, NZ: The Dunmore Press Limited, 1985), pp. 286–292.

24. L. Schiff, *Quantum Mechanics 3rd Edition* (New York, NY: McGraw Hill, 1968) pp. 397 ff.

25. Max Planck, *Theory of Heat Radiation* (Mineola, NY: Dover, 2011), pp. 205–206. Number 164.

北京市版权局著作权合同登记 图字: 01 - 2018 - 7046 号.

图书在版编目（CIP）数据

大学生理工专题导读. 量纲分析/（美）多恩·S. 莱蒙斯（Don S. Lemons）著; 王瑞, 刘艳娜, 李亚玲译. —北京: 机械工业出版社, 2020.6

书名原文: A Student's Guide to Dimensional Analysis

ISBN 978-7-111-65562-6

Ⅰ. ①大… Ⅱ. ①多…②王…③刘…④李… Ⅲ. ①量纲分析 Ⅳ. ①O

中国版本图书馆 CIP 数据核字（2020）第 076616 号

机械工业出版社（北京市百万庄大街22号 邮政编码 100037）
策划编辑: 汤 嘉 责任编辑: 汤 嘉 陈崇昱 韩效杰
责任校对: 王 欣 封面设计: 张 静
责任印制: 张 博
北京铭成印刷有限公司印刷
2020 年 7 月第 1 版第 1 次印刷
148mm × 210mm · 3.5 印张 · 1 插页 · 102 千字
标准书号: ISBN 978-7-111-65562-6
定价: 29.00 元

电话服务　　　　　　　　　　网络服务
客服电话: 010 - 88361066　机 工 官 网: www. cmpbook. com
　　　　　010 - 88379833　机 工 官 博: weibo. com/cmp1952
　　　　　010 - 68326294　金 书 网: www. golden - book. com
封底无防伪标均为盗版　　机工教育服务网: www. cmpedu. com